図説 神と紙の里の未来学

世界性・工芸観光・創造知の集積

杉村和彦
山崎茂雄
増田頼保
［編著］

晃洋書房

本書のあらまし

「神と紙の里」としての越前和紙の世界、これは日本の古来からの伝統を守るというイメージの強い世界である。しかし今日、この里には、これまでの和紙の伝統とは何かを根本的に問い直すような新たな活動が行われ始めている。それは本書で取り出していくようなデザイン性や芸術性に軸をおいた仕事のあり方で、いまだ、この地域の中のマジョリティではないが、ひとつの胎動とも呼べるような力を持っており、すでにこの地域の世界とのつながりを中心的に担うようになってきている。もう一点着目することは、ものづくりの里としての和紙文化を支える人たちの中に、さまざまな形の外部の人たちとの交流やコミュニケーションが求められるようになっていることであろう。そのような中で、このものづくりの里にも観光という現象が展開するようになり、この里は閉ざされた「手仕事の世界」が流入する都市の人たちとの交流の場となりつつある。本書は、今なお深い伝統を宿した越前和紙の里の中で、それが今向き合い始めている変革の課題を、特に「地域文化のパラダイムの変化」という視点から、これまでほとんど捉えられてこなかった世界性と工芸観光という二つの点に焦点をおいて検討していく。

〈第一章〉は、長い歴史伝統を俯瞰した上で、グローバリゼーションの中で変貌する和紙文化とそれが遭遇している世界との対話、その中での変化と創造という側面をとりあげている。欧米の人たちは、日本の和紙文化に、いまや日本の国民以上に高い関心を持っている。越前和紙の里の中の未来への取り組みのアクターたちに光が当てられる。

〈第二章〉では、和紙の文化のアメリカ社会の中での広がりとその意味をロサンゼルスで行われた福井・越前和紙展において検討される。アメリカで展開する木版画と和紙のつながりは、日本の中でのそのつながりを凌駕する勢いがある。そこにはWashiという世界文化が出現する可能性も有している。

〈**第三章**〉では、伝統工芸と観光の問題が取り上げられる。越前和紙の里のある五箇地区は、近年とりわけ越前市が観光政策として取り上げようとしてきた「手仕事のまち歩き」というコンセプトを基に急速に焦点化されるようになってきた。この地域を訪ねてくる和紙を愛する外国人たちにどのように自らの伝統を語るのか。

〈**第四章**〉では、新しい文化の変革の中で、地域はどのように、外部からの情報を受け止め、発信し、次の時代を可能にするか、他の地域社会の事例も参考にしつつ、越前和紙の里の未来学としてさまざまな地域の創造知をいかにして集積し、役立てていくか。情報化時代を受け入れながら見直される現代的な越前和紙の里の構想とは何か。和紙の文化の世界のプラットフォームとしてのありようが論じられる。

越前和紙の中において、全国の和紙の生産地と比較したときの突出した特色の一つは、外部から来たようなアーティストだけでなく、地域の職人たちの中に、職人アーティストが生まれ、世界との対話を始めていることであろう。このような状況で、この地域の中核にある文化伝統としての〈和紙の文化〉の意味世界を根本から問い直す、いまだ小さいが新しい視界を切り開く現代的なアーツ・アンド・クラフツ運動が始まっている。本書は今日、揺れ動く和紙の文化のレボリューションを見据えながら、「神と紙」が共存する越前和紙の伝統とそれを生かす形での発展の意味を、いわば越前和紙の里の現代化の視座として検討している。本書は、そうした和紙の文化を未来につないでいくための研究者と地域の人たちとの対話の積み重ねの途上で生まれた一つの成果である。

二〇一九年三月　杉村和彦・山崎茂雄・増田頼保

板地著色 大瀧児権現祭礼図絵馬（部分）

目　次

第一章　囲み記事一覧

第二章　囲み記事一覧

第三章　囲み記事一覧

第四章　囲み記事一覧

図説 神と紙の里の未来学

世界性・工芸観光・創造知の集積

「粟田部不老大滝岩本新在家定友絵図」 松平文庫（福井県立図書館保管）

第一章
変貌する越前和紙の世界の現在

杉村和彦・増田頼保・中川智絵・南口梨花

〈第一節〉

越前和紙の里の過去・現在
和紙の里の職人たち

昔々、五箇の里に一人の美しい女性が現れた。女性は里人に向い、「この地は山が多く、田畑を作るのには向かないが、自然が豊かで水が清いので、紙を漉いて暮らすといいでしょう」と言って、自ら紙漉きの技を伝えた。感謝した里人が名を尋ねると、ただ岡太川の上流に住む者とだけ答えて消えてしまったので、里人は女性を「川上御前」と呼び、紙祖の神として岡太神社に祀った——

今も五十軒以上の和紙工房が軒を連ねる越前和紙の里、そこに残っているのは越前市五箇地区に伝わる紙祖神の伝承である。不老《おいず》、大滝《おおたき》、岩本《いわもと》、新《しん》在家《ざいけ》、定友《さだとも》の五つの集落が集うこの五箇の地が、古くから越前和紙の産地として紙漉きの技術を伝えている。

越前市五箇地区は福井県嶺北地方のほぼ中央に位置している。権現山の山懐に抱かれた山あいの地域で、年間を通じて湿度が高く、夏は夏らしく暑く、冬は冬らしく寒く多量の降雪をみる、典型的な日本海気候の土地である。冬場は特に「弁当忘れても傘忘れるな」と言われるほど、一日の間に曇り、晴れ、雨、雪と、天気が変わりやすい土地でもある。

川上御前図像（大瀧神社蔵）

越前市五箇地区は卯立の上がる古い町並みもよく残されており、産業、歴史、文化、自然など数多くの遺産が、現在も地域の人々により守り継がれている地域として、「美しい日本の歴史的風土百選」にも選ばれている。

越前市五箇地区の町並み

越前和紙の歴史は千年とも千五百年とも言われるが、この五箇の地でいつから紙漉きが始まったのかは未だ正確にはわかっていない。ただ奈良の正倉院文書の内に、越前国大税帳（断簡）（七三〇年）や越前国郡稲帳（七三二年）などの文書が残されており、当時これらの用紙は既にそれぞれの国（地域）で漉かれていたと考えられているから、この頃には越前の地のどこかで紙漉きが始まっていたと考えられている。

五箇の隣、味真野地区には白鳳時代の廃寺跡があり、越前国府が置かれた武生までも距離にして約十二キロメートルと、古代から栄えていた土地であった。紙祖神を祀る岡太神社を式内社とした大瀧神社は、もとは大滝寺と言い、七一九年の創建と伝えられている。

中世にはこの大滝寺が信仰と生業の支柱として五箇の紙漉きを支えていた。五箇の人々は大滝寺を後ろ盾として、生産や販売、流通を独占した同業者集団である「座」を結成し、紙を漉いている。今も紙漉きを続ける三田村家の祖、大瀧掃部の名がこの頃から確認できる。

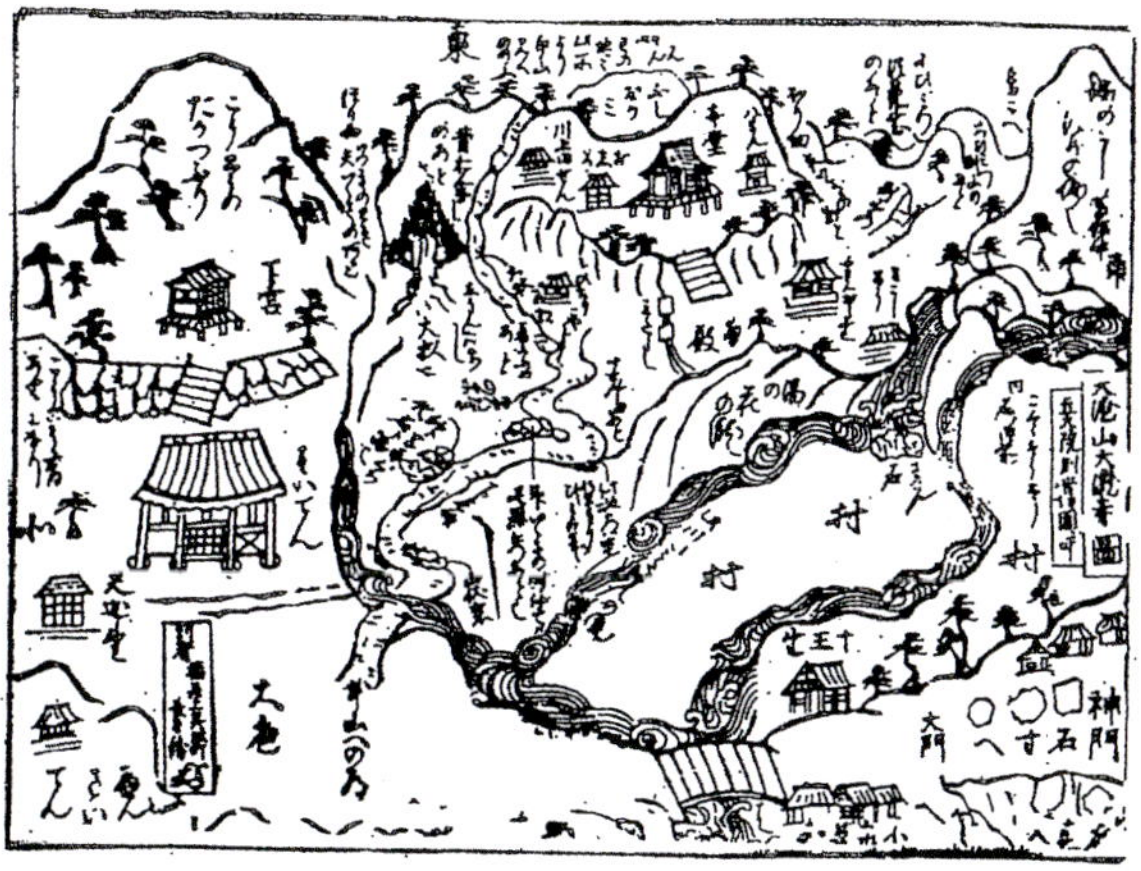

大徳山大滝寺図〈木版〉（大瀧神社蔵）

南北朝の動乱や一向一揆の討伐などで大滝寺が焼失したのちも、三田村家を筆頭に、加藤河内、清水山城、清水丹波といった人々が特権を持ち、五箇の人々をまとめている。三田村家は江戸時代には福井藩の御用紙を漉くことを認められた「御紙屋」として、さらに元和(一六一五〜一六二四)期には江戸に家宅を構え、幕府御用達の奉書屋と呼ばれていた。この三田村家や同じく御紙屋であった加藤河内家には貴重な資料が残されており、これらは現在、越前市や越前和紙の里紙の文化博物館で保管されている。

江戸時代を通し、幕府や藩の御用を受けて紙を漉いてきた五箇地区であるが、明治維新の後、新政府が樹立されると紙の需要が極端に減り、五箇の紙漉きは存続の危機に陥ることとなった。

一方新政府では、日本初の全国統一紙幣である太政官札の発行が建議さ

三田村《みたむら》家と福井《ふくい》藩札《はんさつ》

三田村家、加藤河内家旧蔵資料の中に、江戸時代に発行された藩札用の定木といった御紙屋ならではの特徴ある資料が残っている。寛文元(1661)年、福井藩では第4代藩主松平光通の時に、幕府に藩札の発行を願い出て、許可を得た。全国でも初期の藩札発行であり、以後、大野藩、丸岡藩、彦根藩、尾張藩などがこれにならって藩札を発行し、その用紙を五箇に求めた。

原料には約3割の雁皮(がんぴ)と約7割の楮(こうぞ)を用いたが、藩札用紙の漉き立ては、取り締まりが特に厳重で、こうした原料の配合や製法は絶対に秘密とされた。漉き立てにあたる職人に秘密の厳守を求めた血判状が五箇に残されている。他藩の藩札を漉く場合にも、福井藩札用紙と同じ紙を漉くことは禁じられていた。

この藩札漉き立ての実績が、明治時代のはじめ、全国初の共通紙幣である太政官札の漉き立てにつながっている。

中川智絵

国指定名勝 三田村氏庭園 門構えのある三田村家

れる。太政官札の用紙には、古くから良質の紙を漉き、江戸時代にも藩が発行する紙幣用紙の経験がある五箇の紙が選ばれた。五箇の地が山あいの地にまとまっており、厳重な管理下に置くことができたという地理的な特徴も理由の一つとなった。

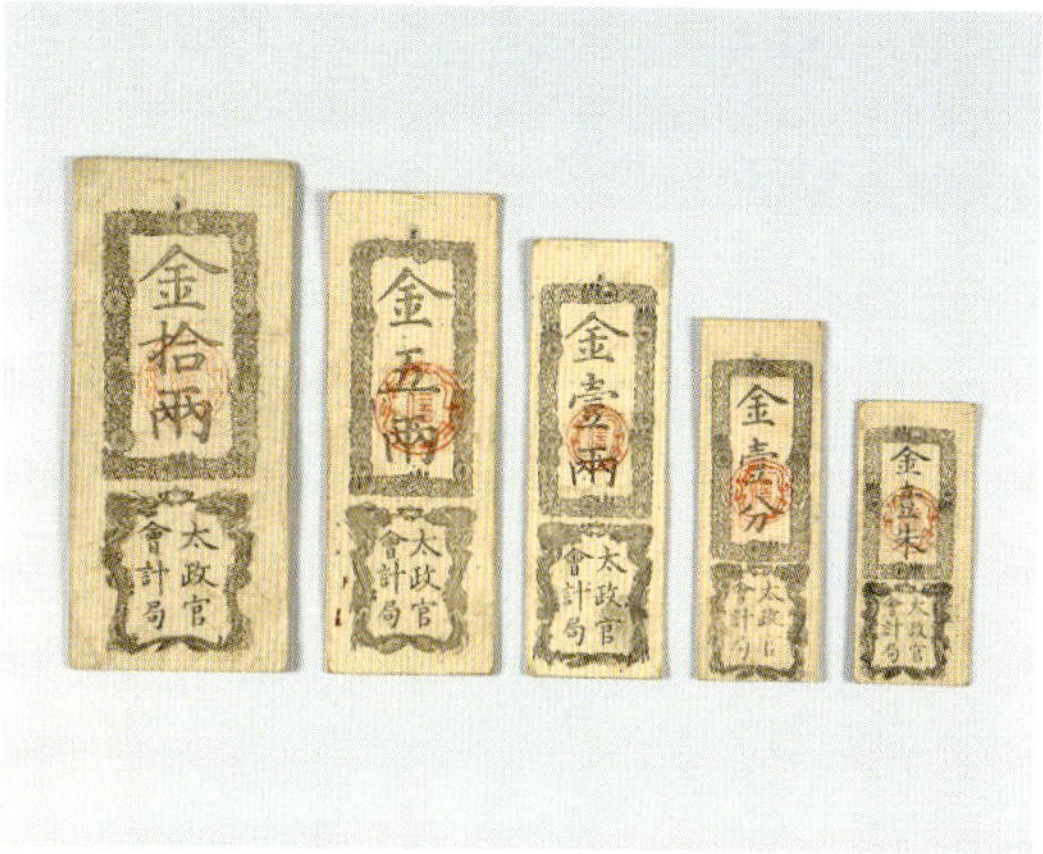

太政官札(紙の文化博物館蔵)

太政官札の漉き立ては一八七〇(明治三)年四月をもって一段落を迎えるが、幕府からの注文がなくなり存続の危機に瀕していた五箇にとって、一息つく余裕を与えるものとなった。

その後新政府は独自の紙幣用紙の開発に着手し、一八七五(明治八)年に東京の王子に紙幣寮を設置する。太政官札の経験がある五箇にも紙漉工の募集があり、七名の職人が応じている。彼らは研究を重ね、三椏を原料として印刷に適した紙を開発した。この技術は郷里に戻った職人たちから五箇の職人たちへと伝えられ、今の「局紙」となった。

近代化に取り組んだ五箇の人々は海外にも目を向けている。当時はおりしも万国博覧会の時代を迎えており、この万国博覧会が、越前和紙が世界に知られるきっかけとして重要な役割を果たしている。

五箇の人々は、一八七三(明治六)年のウィーン万国博覧会を初めとして各万国博覧会に紙を出品し、数々の賞を受賞したのである。一八七七(明治十)年に第一回内国勧業博覧会が開催されると、これにも五箇の人々は積極的に出品し、さまざまな賞を受賞した。

第五回パリ万博賞状(紙の文化博物館蔵)

明治時代の末、画紙として愛された中国紙が清朝末期の混乱により入手困難となると、日本ではこれに代わる紙の製造に取り組む人々が現れた。現在四代目を数える岩野平三郎製紙所の初代岩野平三郎もその一人であった。

初代平三郎は、日本史学者牧野信之助や京都画壇の冨田渓仙の求めを受け、新しい画紙の開発にも熱意をもって取り組んだ。初代平三郎とともに画紙の開発に携わった画家たちの中には、竹内栖鳳や横山大観といった画壇の重鎮たちの名があり、こうした人々の支持を受け、大正時代にかけて、岩野平三郎の画紙は日本画用紙としての地位を樹立していった。

一九二六（大正十五）年の五・四メートル四方の画紙「岡大紙」の抄造は、こうした流れによるものであった。この岡大紙に横山大観は下村観山との合作にて《明暗》（早稲田大学図書館壁画）が描かれ、この巨大な壁画が日本美術院の試作展で公開されると、新聞雑誌等はこぞって取り上げたという。

画紙「岡大紙」抄造の様子（岩野家提供）

時代が昭和に入ると、越前では模様紙の製造が最盛期を迎えている。越前ではもとより、他の産地に比して模様の紙が多く、江戸時代の資料を見ても様々な漉模様の紙が多く確認できる。

日本が高度経済成長期を迎えるとともに、人々の生活水準は劇的に向上した。建築様式や包装様式等の近代化に応じて、越前では盛んに新しい意匠の考案、技術の改良が行われた。同時に業者間での競争も激しくなってきたため、福井県手漉紙工業協同組合（当時）は考案した意匠に登録制度を設け、これを保護している。

登録された意匠は「意匠考案権保護登録綴」に綴じられた。この綴は現在、紙の文化博物館で保管され、技術の改良と新たな意匠の考案に切磋琢磨した、かつての職人たちの姿を今に伝えている。

初代 岩野《いわの》平三郎《へいざぶろう》

大正時代末期から昭和初期にかけて、画紙に求められる要素に大きさが加えられるようになった。1926（大正15）年、初代平三郎は横山大観の注文を受け、5.4メートル四方の岡大紙（おかだいし）を漉いている。その後平三郎が生み出した「雲肌麻紙」は、奉書と局紙の利点を取り入れた強靭さを持って日本画界を席巻し、現在も高いシェアを誇っている。

越前はもとより、他の産地に比して模様の紙が多く、越前市が所蔵する重要文化財の中にも様々な漉模様の紙が多く残されている。岩野平三郎家では、福井県の無形文化財に指定された「打雲・飛雲・水玉（うちぐも・とびぐも・みずたま）」の和紙技術を伝承し、この技法は現在、四代目となる岩野麻貴子さんに受け継がれている。こうした模様の紙は漉く工程の中で模様をつけるものと、漉いた紙を乾燥した後に模様をつけるものに分けられるが、越前はこの2つをともに得意としている。

中川智絵

人間国宝 九代 岩野《いわの》市兵衛《いちべえ》

越前奉書の手漉き和紙技術を現在継承するのは重要無形文化財技術保持者、いわゆる人間国宝の九代岩野市兵衛さんである。現代における奉書の主な用途は木版画用紙で、紙の質が作品の完成度に大きな影響を与えるこの分野の中で、越前の奉書は圧倒的な高評価を得てきた。越前和紙を愛する会が発行する機関誌『和紙の里』第6号（昭和52［1977］年8月発行）に、岩野市兵衛家の奉書と版画の関わりを示した文章が掲載されている。

「大正10年、版画家吉田博（太平洋美術学校長）が木版画の用紙がないと語っているのを新聞でみた栄一（筆者注・八代市兵衛氏の本名）は、早速みずからの奉書を送ったのが機縁となって、版画用紙を扱うようになった。（中略）大正15年ごろ浮世絵版画の渡辺庄三郎木版美術画店と知り、栄一は川面義雄ら浮世絵木版画の指導者とともに浮世絵の名作の用紙を研究し続け、多い場合には400回余の刷りにも耐えて紙の伸縮によるずれがなく、刷ってから数年たって色彩が冴えてくるという強靭でみごとな地合の奉書を完成させた。

岩野の奉書を使用するものはアダチ版画研究所、加藤版画研究所、西宮版画研究所、芸艸堂、京都版画院、内田美術版画等と広く及ぶようになる。」

中川智絵

重要無形文化財（工芸技術）岩野市兵衛さん

長い歴史を持つ越前和紙は、時代の流れに対応しさまざまな紙を漉いてきた。越前和紙の特徴の一つに種類が多いことが挙げられる所以である。

紙を漉く際に用いる道具類は、紙の種類や大きさによって使い分けるため、越前の紙漉き工場はそれぞれ得意とする紙を持つ。漉かれている紙は多様であり、産地では大きさ、または模様の有無や用途によって区別されている。

二〇一九年現在、福井県和紙工業協同組合に所属する紙業者は五十七軒を数え、彼らの漉く紙は、奉書、鳥の子、檀紙、書画用紙、出版用紙、局紙、模様紙、襖壁紙、加工紙などに分類される。

特に越前の伝統を伝える紙としては、前述の奉書や鳥の子に加え、模様を漉き込んだ打雲、飛雲、水玉や、水面に浮かんだ墨の模様を紙に写し取った墨流し、独特な皺をつけた檀紙が挙げられる。

毎年五月には、紙祖神川上御前を祀る岡太神社・大瀧神社の祭りが越前市五箇地区を挙げて行われる。二〇一八年に千三百年の節目の年を迎えたこの祭りを紐帯として五箇の紙業者は強い結束で結ばれ、越前和紙の産地として全国でも有数の規模を保っている。

中川智絵

国指定重要有形民俗文化財
越前和紙の製作用具（越前市蔵）

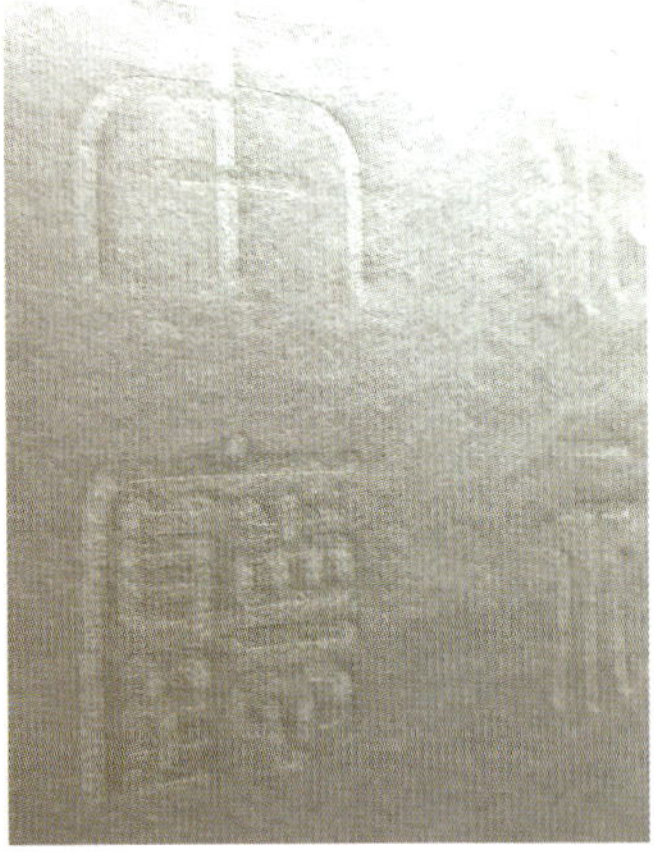

局紙透かし紙（増田頼保蔵）

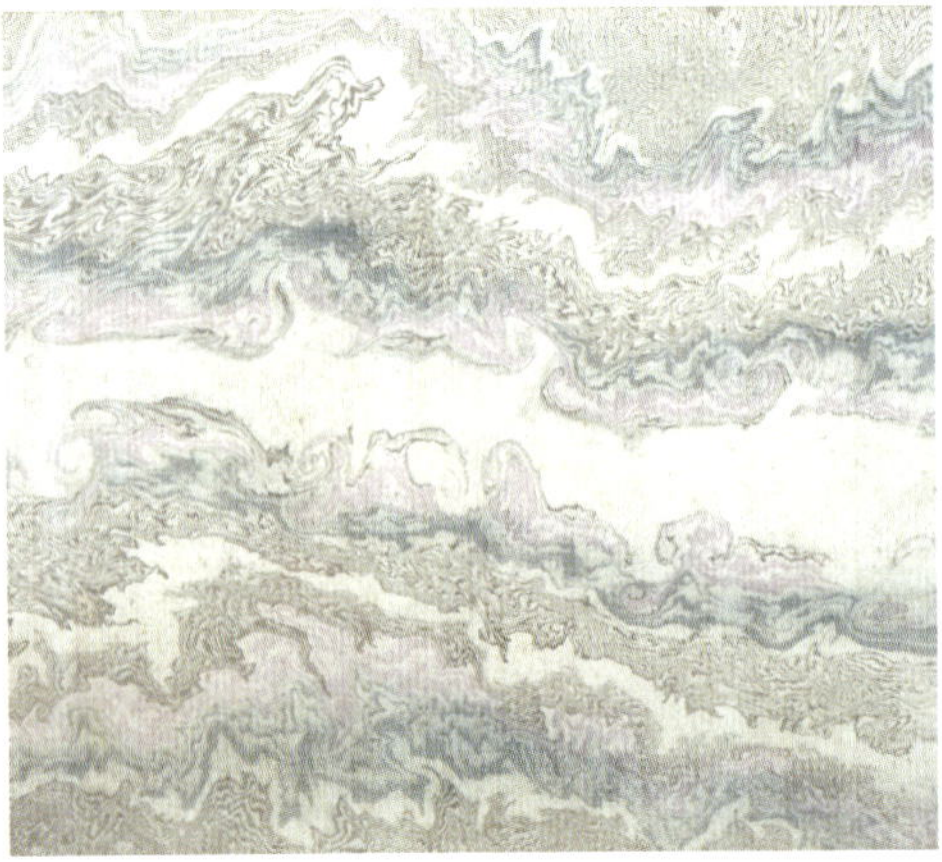

国指定重要有形民俗文化財
越前和紙〈部分〉（越前市蔵）

明治期の技術の革新

太政官札の漉き立てが終わった1875（明治8）年、国内での紙幣用紙の抄造を目指し大蔵省は東京の王子に紙幣寮を設置した。紙漉工として募集に応じた7名の職人たちは、研究を重ね、三椏（みつまた）を原料として印刷に適した紙を開発する。印刷局の紙として「局紙」と呼ばれたこの紙は、今では免状、卒業証書やポストカード、名刺用紙など、さまざまな印刷機に対応した和紙として人気を博している。

またこの頃から五箇では従来の紙漉きに新しい理化学的知識を加え、紙の改良に取り組んでいる。そうした職人の1人、加藤覚太郎が1881（明治14）年に生み出した光沢紙は「改良紙」と名付けられ、1893（明治26）年のシカゴ万国博覧会での優等賞など、内外博覧会で多くの賞を受賞した。加藤はそれまで家内制手工業的に事業を行っていた紙漉きを、会社として組織して効率化を図り、近代的な工場経営を行った。さらには加藤は三椏や楮（こうぞ）の栽培を奨励するなど、近代五箇製紙業の基礎を築いた。

西野弥平次は、代々奉書紙を漉く家に生まれたが、明治以降、奉書紙の需要が激減したのを機に輸出用紙の製造に取り組んだ。当時の和紙業界は欧米風の印刷可能な用紙の開発に邁進していた時期であり、弥平次もまた手漉き光沢紙の改良を続けた。1889（明治22）年、印刷局長の五箇巡視の際などに光沢の不足を指摘されたのを契機として、光沢をつけるための艶付けロール機1台を印刷局から貸しさげられている。このロール機の導入によって、五箇の光沢紙は格段の品質の向上を見せ、関西府県連合共進会などの品評会で数々の賞を受賞するようにった。弥平次はのちにさらに1台の艶付けロール機を購入している。この西野弥平次が設立した信洋舎は、現在も明治時代の艶付けロール機を使い、手漉き局紙の製紙を続けている。

中川智絵

紙漉きの技術を支える道具類

紙漉きの技術が文化財として継承される一方で、五箇では主に江戸時代の紙漉き道具も大切に保管されている。平成26（2014）年に国指定重要有形民俗文化財に指定された「越前和紙の製作用具及び製品」2,523点（製作用具1,931点・製品592点）で、多様な越前和紙を製作する際に用いられる道具と、古紙や紙見本等の製品が含まれる。

これらは越前市と福井県和紙工業協同組合が中心となって収集してきた。道具類は、原料加工から紙漉き、乾燥など、紙を製品として完成させるまでに必要な各工程の一連の道具がそろっている。中でも紙を漉く際に用いる道具類は紙の種類や大きさによって使い分けるため特に多く、また昭和40（1965）年頃に流行した「ひっかけ」と言われる装飾技法に用いられる金型なども含まれている。

紙見本の中には江戸初期にまで遡るものもあり、道具にあわせて製品である紙が残されていることで、当時の紙の種類や技術を知る上で大変貴重な資料となっている。

中川智絵

〈第二節〉現代を生きる越前和紙の里
新聞報道の中から

日常の生活の中に映し出される今も静謐な越前和紙の里にも、サイレント・レボリューションともいえる静かな変化が覆い始めている。近年ではこの越前和紙の世界も地方の新聞紙上でしばしば取り上げられている。その中には毎年恒例のものとして取り上げられる、卯立の工芸館で行われる新年の漉き初め式がある。

二〇一四年の福井新聞には、福井県和紙工業協同組合の石川浩理事長や奈良俊幸市長など、関係者約百人が出席し、伝統的な製作が披露されたと言う。越前和紙の里には、確かにもっとも古いと言える伝統が今も息づいている。また同年一月十八日の福井新聞にも「職人産地　最高の喜び」という見出しで、越前和紙用具が国の重要有形民俗文化財に指定されるように答申されたことが報道された。千三百年の厚い伝統がこの町の中に残されている。そして、人間国宝の岩野市兵衛さんや有名な先代の岩野平三郎さんのところがしばしば新聞をにぎわす。

越前和紙の里 卯立の工芸館で行われる新年の漉き初め式（福井県提供）

こうした伝統を生きる、あるいは守る、越前市五箇地区の記事とともに、今日では、まったく新しいイメージが喚起される記事にもしばしば出くわすようになった。その一つは新聞紙上をにぎわす、世界と和紙のつながりである。

二〇一四年一月二十二日の福井新聞によると、越前和紙企画販売の(株)杉原商店が手がけた和紙が、フランスの老舗高級香水化粧ブランド「ゲラン」パリ店など直営七店舗で新年向けのウィンドウディスプレイに採用され、二月の末まで展示されるという報道がなされている。

同年二月七日、パリでは、越前和紙を使った折鶴がパリ・オートクチュールコレクションで、世界的ブライダルファッションデザイナー桂由美さんのショーに登場したという。このようにデザイン性を生かした和紙の利用は欧米をはじめ世界にきわめて急速に展開している。

フランス老舗高級香水化粧ブランド「ゲラン」
越前和紙を使ったウィンドウディスプレイ

(株)杉原商店 杉原吉直
和紙のプロデューサーとしての哲学

増田：杉原さん自身が紙を漉いているわけではない。ただし、特に地域の職人とクライアントの間で仕事が生まれていく。仕事に向き合うときの信念をお聞きしたい。

杉原さん：私は、まず注文した人の意見を聞くことにしている。ちょうど医師が患者にカウンセリングするような立場で、先入観を持たない気持ちでいる。もしかしたら価格の低い商品が欲しいのか、逆に価格にこだわらず、別の要望があるのか。和紙がほしいとの言葉を受けとる前に、どのような意図なのかをまず問診する。

　色々なパターンがあって、自らが判断できることもあるし、クライアントの要望によって状況は変わり、デザイナーと一緒にプレゼンすることもある。かなり大規模なプロジェクトであったり、構造的に考えないと使えない時があったりする。そうすると、構造的な思考ができる設計者と一緒に提案していくことになる。「杉原さんに提案を依頼する。和紙で何か作ってほしい」というような施主から直接依頼がある場合もあり、自分がプロデューサー兼アドバイザーのような形で進めることも多い。全部お任せするということも多いので、私ができることがあれば自らプロジェクトチームを作って提案もする。デザイナーが入っていた方がよいと判断した場合にはそうしている。

増田頼保

㈱杉原商店 和紙ソムリエ 杉原吉直さん

二〇一三年十一月二十二日の福井新聞には、「越前和紙NY展を終えて―福井県和紙工業協同組合石川浩理事長に聞く」という見出しで、福井県和紙工業協同組合と越前和紙の里・紙の文化博物館が十月に、ニューヨーク在住の写真家棚井文雄さんのコラボレーションによる「うつす和紙」展をニューヨークにある日本国領事館で開催したという記事がそれぞれ載せられている。

このような成果の一つとして石川理事長はこう述べている。「日本の内装に和紙を使うというとふすまや障子という発想になる。ニューヨークでは、和紙はガラスの中に埋め込んだレストランや店舗の装飾などにも採用されていた。国内でもそうしたチャレンジはあるがまだまだ認知度が低い。海外での和紙の使われ方を逆に日本人に提案していくことで、新たな市場の開拓につながる可能性を感じた」と。

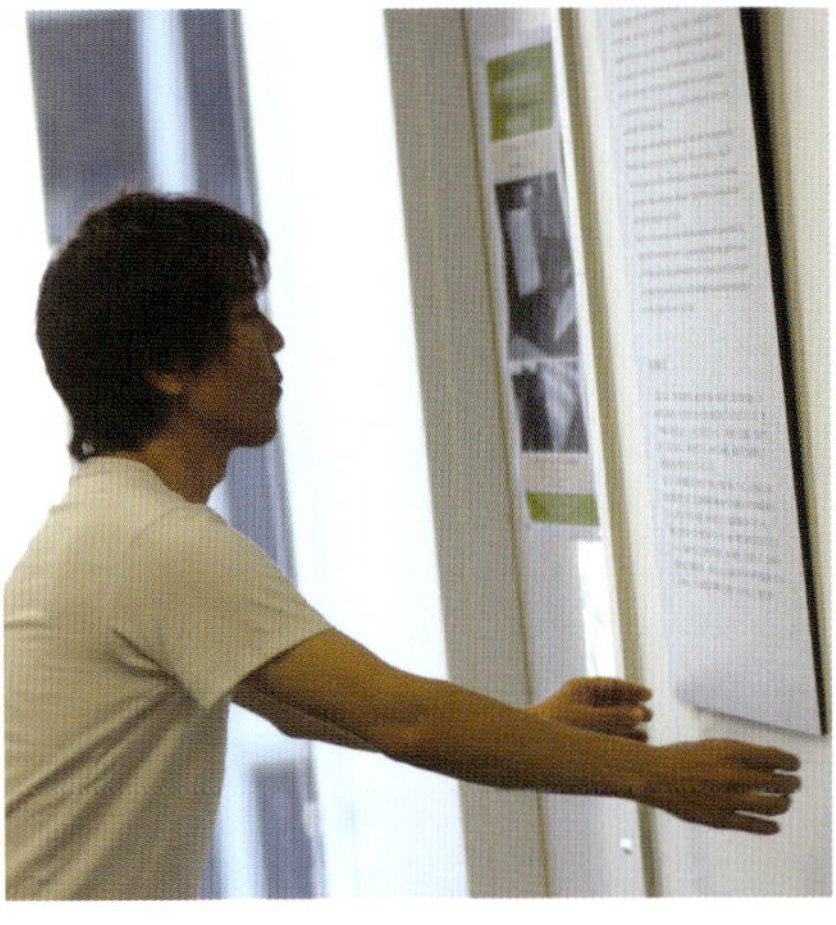

二〇一三年 越前和紙NY展「うつす和紙」展（ニューヨーク日本国領事館）

このように越前和紙は世界とのつながりの中で、また世界との対話の中で新しい時代を呼吸している。そして世界に通じる和紙の世界性とは何かが問い直されている。

福井県和紙工業協同組合と写真家棚井文雄氏とのコラボレーションによる展示風景

二〇一八年四月二十一日の日刊県民福井は、『「二十一世紀のダビンチ」とのコラボ 世界的な芸術に越前和紙』という見出しで目をひきつける。この「二十一世紀のダビンチ」とはオランダの有名な芸術家、テオ・ヤンセンである。風力で生き物のように動くストランドビーストの同系作品「オルディス」を二体、和紙で作品が作られる。そして世界的な芸術家との連携で、越前和紙の用途が絵画から彫刻・造形へと拡大する可能性が探られようとしている。

オランダの芸術家 テオ・ヤンセン氏

テオ・ヤンセン×越前和紙コラボレーション
オルディス（WING）

1	
2	3
4	

1.「テオ・ヤンセン×越前和紙コラボレーション」オルディス（WING）をオランダで試作した時の様子
2. オルディス（WING） 作品部分
3. テオ・ヤンセン氏と㈱杉原商店 杉原さん（右）、伝統工芸士 瀧さん（中央）
4. オルディス（ORIGAMI〈折り紙〉）

Photo ©Media Force 2018

さらに二〇一八年六月二十四日の福井新聞には、アメリカ・ロサンゼルスの日米文化会館で行われた「越前和紙の魅力を伝える展示」の記事が掲載されている。

記事には手漉き和紙で作った茶室だけでなく、大型タペストリーが披露されることなどが書かれている。石川浩理事長は、「越前和紙の職人が持つ技術の高さ、多様性は大きな強みである。越前和紙の里が海外のアーティストやデザイナーの細やかな要求に応えられる産地であることをしっかりとアピールしたい」と世界とのつながりを作っていこうとする意気込みを語っている。このロサンゼルスでの展覧会は、二〇一三年のニューヨークで開かれた「うつす和紙」展に続くもので、近年こうした海外からのオファーが増加してきている。本書の第二章は、このロサンゼルスの展示会に焦点を当て、アメリカの人たちがどのように和紙文化を受け入れようとしているのかを詳細に捉えようとしている。

この越前和紙の里にはもともと世界との深いつながりが存在してきた。二〇一五年五月二十七日の福井新聞には、「オランダで越前和紙展―来月からレンブラント美術展」という見出しが踊っている。この記事を読むと、「二〇一四年五月、西川知事がオランダを訪れ、レンブラントの版画に使われている和紙を特定する調査へ協力を要請する」と書かれている。

十七世紀のオランダの画家、レンブラントの版画に使われていた可能性が高まっているとの記事が載せられ、越前和紙が世界的な芸術家とのつながりを持ってきたことが、歴史的に認められようとしている。そしてそうしたことが今日新たに進展しているグローバリゼーションの中での世界とのつながりの現象を後押ししている。

杉村和彦

レンブラントの版画と越前和紙展

オランダ レンブランド美術館で開催された
レンブランドの版画と越前和紙展

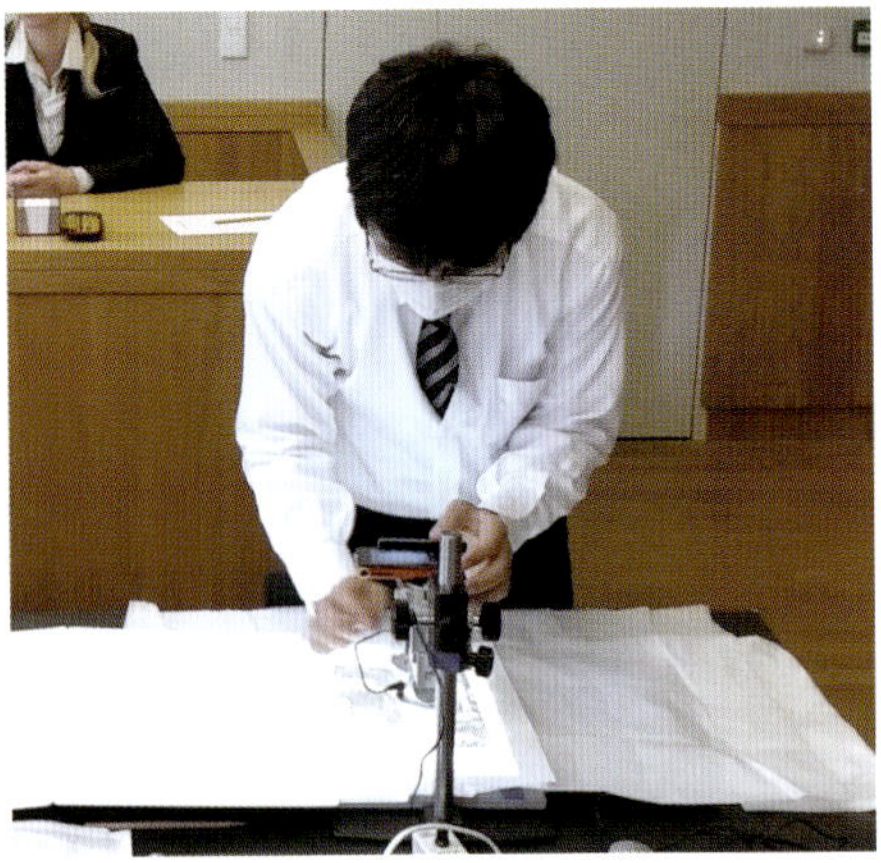

レンブランドの版画と越前和紙の調査

〈第三節〉地域社会の中の新たな胎動

伝統を革新する世界とのつながりの中で、越前和紙の里の青年部が、これまでにない活性化した状況を作っている。青年部はRENEWとのつながりが深い。RENEWとは、オープンファクトリー&マーケットをコンセプトとした産業観光イベントであり、二〇一五年に河和田地区からはじまった。期間中は、各事業体が工房を一般の方に開放し、普段は見ることのできない内部を職人が案内する。そうした活動の中では、横のつながりが大きく広がる。

このように青年部が一つの新たな動きへの始動の契機を持ったのは、世界遺産への登録に越前和紙がもれる〈事件〉が大きく介在しているという。

もともと越前和紙の里ではそれぞれの事業体が、家業として伝統を守るという形を持ち、それぞれの事業体の横のつながりは弱かった。しかしこの出来事をきっかけに、変わらなければだめだということになり、国内や世界の動きを強く意識するようになってきた。二〇一八年のアメリカ・ロサンゼルスの展覧会では、青年部が大きな役割を果たした。そして青年部の活動とリンクする動きとして、越前和紙の里には現代美術と言える独自の芸術文化が地域全体に根付き広がりをもって展開している。

越前和紙の里では、他の日本の和紙産地にはない、今立現代美術紙展という紙の展覧会が長年開かれている。このような現代美術と伝統の和紙生産は、しばらくの間それぞれで生きようという形で必ずしもつながってはこなかったが、今日、青年部の中の動きも含めて相互のつながりとコラボレーションが生まれはじめている。現在の今立現代美術紙展の副実行委員長長田和也さんはふすま職人でもある。

ロサンゼルスで行われた越前和紙の展覧会では、デザイン性や芸術性を志向するアメリカ人に大きな感銘をあたえた。日本の和紙の産地はいずれもさまざまな形で現代化し、デザイン性や芸術性を取り入れるところもある。しかしその取り入れ方のレベルには大きな差異がある。越前和紙の里は、国内外から来たアーティストやデザイナーと地域の職人たちが融合し、新しい芸術作品を創造してきた地域社会なのだということが言えるであろう。

たとえば職人アーティストの代表が長田和也さんで、彼は文字を書く媒体としての紙ではなく、ふすま紙専門を家業として、タペストリーなどに進化させ新しい領域を切り拓いてきた。和也さんの職人アーティストの仕事への展開において、事の始まりは、長年ふすま紙専門に工場を営んでこられた先代長田昌久さんの奥(栄子)さんが、伝統工芸士でもあり、並々ならぬ発想の持ち主でもあったことが大きい。

和也さんの母親でもある栄子さんは、次第にふすまの需要が減ってきたことを実感しながらも、伝統的な紙漉きに工夫を重ねて、ふすま紙の研究開発に取り組みはじめていた。

時を同じくして、「現代美術今立紙展(当時)」という地元の若者がはじめた展覧会(実験展、公募展、企画展、アートキャンプと展開)に作品を出品していたという。

大学卒業後、しばらく東京の内装材料を扱うお店で働いていた和也さんが福井に戻ってきた際、栄子さんの意欲的な姿を見て、自分も挑んでみようと親子で現代美術今立紙展(当時)に出品したのである。

アメリカ・ロサンゼルスで開催された神と紙 KAMI TO KAMI 福井・越前和紙展

これが越前和紙の里の世界と現代美術の世界とのつながりの出発点であったが、和也さんは地域社会の足下に広がる現代美術にこれまでにないような自由な世界を見い出していた。

長田栄子さんの記憶の家に展示されている作品

この今立現代美術紙展の源流は、第二章で詳細に取り上げる晩年を今立町（現在の越前市）で暮らした河合勇という画家と地域住民との豊かな交流にあった。

長田和也さんの今立現代美術紙展出展作品

製紙業の柳瀬晴夫さん、瀧隆一さんは、福井出身のデザイナー川崎和男さんから受けた影響が強かった。柳瀬さんは、振り返りこう述べる。

「川崎和男さんが当時住んでいたのは新田塚（福井市）だったので、川崎さんが空いている日を選んで十人ほどのメンバーが夜出向いて和紙のデザインに関する話をしに行ったのだが、帰りはいつも夜中の三時頃を迎えていた。あの頃は面白かった。川崎さんに試作した自分たちの作品を持っていくと、すべて不十分であると厳しい言葉が投げつけられ、何度も試作を作り指導を受けた。川崎さんが自分たちの仕事と関係したことによって、仕事のやり方が大きく変わったわけではないが、彼の言うことが近未来の出来事に関わってくるので、驚くほかないと思っていた」と。

画家 河合《かわい》 勇《いさむ》

河合は、1931年2月26日、ペルーのワンカイヨ市で生まれる。彼が10歳の時、帰国をし、福井県南条郡王子保村今宿（現・越前市今宿）に住む。19歳の時、武生高校（入学時は旧制武生中学）を経てそして彼は、福井大学工学部繊維染料学科に進学する。その在学中に、安部公房の「闖入者」や「制服」を脚本・演出を彼は手がけた。また彼は福井大学の文化研究機関「野火」や同人誌「表現」「裸塔」などの編集・発行に加わり、花田清輝の講演会を企画するなど美術・演劇・文学面で幅広く活発な活動を行う。

1951年7月に開催された、第3回北美文化協会主催の夏期洋画講習会（7月25日〜7月30日、於:福井大学）での阿部展也の講習会において彼は、写真を学ぶつもりで受講したことがきっかけで、同会主宰の土岡秀太郎と阿部展也に師事し、両師とは生涯一貫して深い師弟の交流を続ける。

1956年1月に瀧口修造その他の推薦が得られ、神田タケミヤ画廊で初個展が開催された。ナビス画廊企画「視覚展」（瀬木慎一選）29歳で彼は渡米する。彼は34歳の年、ヘレン・ウォーリッツ・ファンデーション・オブ・ニューメキシコより奨学金を得て、ニューメキシコ州タオス・プエブロの保留地のアーティスト・コロニーに6ヶ月滞在する。この間、ニューメキシコ州とアリゾナ州内のアメリカ先住民族美術及び民俗芸能を観る機会が得られた。

彼は39歳の年、ジャック・スミス（映像作家）と交流し、共同で映画製作に入る。オフ・ブロードウェイ14ST.シアターにて「シニスター・カンボジアン・フォーボーディング」（作・演出）が上演された。テリトリー・シアターを含め、3劇場において13週連続公演があった。そして彼は40歳でハイウェイ・シリーズを制作した。

1972年4月には、河合は11年余り滞在したニューヨークを去り、世界旅行に出発することになる。44歳の年、北美第30回記念展で滞米作品20点を特別出品、北美大賞を受ける。やがて彼は、1976年12月廃校になっていた今立町旧八石分校を改修し、ここをスタジオにし住むようになる。彼は八ツ杉現代美術研究所と絵画教室を開くも齢48歳で夭折する。

増田頼保

ニューヨーク在住時の河合勇

セントラル・パークでのハプニング・パフォーマンス

さらに柳瀬さんは川崎さんから当時、「今に、一人一台パソコンを持つ時代になるよ」と言われた。内心、「そんなバカな！」と思っていた。パソコン一台二百万円していた時代の話だった。しかし、今は一家に二〜三台持つ時代、現実になったので川崎さんには先見の明があったと思っている。

自分たちの紙漉き製品が問屋に納められていた時代に、「そうは問屋に卸さない」という精神で、エンドユーザーのことを考えてパッケージまで考えるべきと言われていたという。時代を見据えた川崎さんの幅の広い視点との対話が、自分たちの心を大きく動かしていった。オータキペーパーランドというブランドを川崎さんが命名して事業が展開していった。このような川崎さんの影響のもとに、優れたデザイナーとのコラボレーションを実現した職人アーティストが誕生した。

新しい未来への挑戦が始まっている。その担い手たちは福井の農村部の小さな家々の中にいて、次の時代に向けた準備を始めている。次に登場するのはこうした越前和紙の新しい動きの核となって世界と対話し、また日本のさまざまな産地とも交流を持っている方々である。彼らの背後にはそれに続く新しい世代も生まれ始めている。

杉村和彦・増田頼保

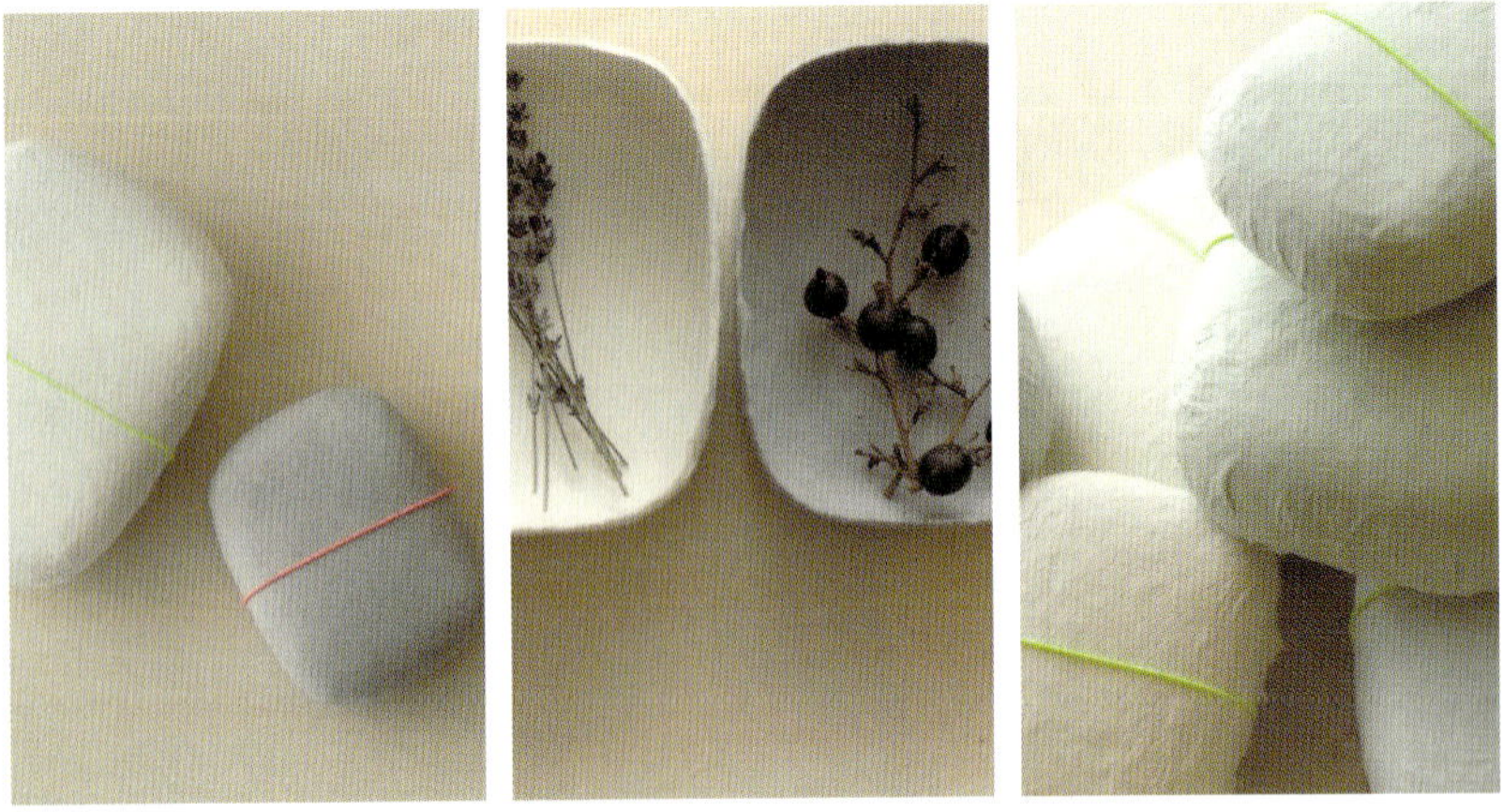

デザイナー松山祥樹さんと職人アーティスト
柳瀬晴夫さんの共同開発商品
手漉き和紙の小箱 harukami moln（モルン）

㈲やなせ和紙

デザイナー 川崎《かわさき》和男《かずお》

彼は、1949年福井県に生まれた。インダストリアルデザイン、プロダクトデザインから、デザインディレクターとして、伝統工芸品、メガネ、コンピューター、ロボット、原子力、人工臓器、宇宙空間までデザイン対象として、トポロジーを空間論に持ち込んだ「ことばとかたちの相対論」がデザイン実務として位置づけられている。

川崎さんはグッドデザイン賞審査員長など行政機関での委員を歴任し、国内外での受賞歴が多数に及ぶ。また、ニューヨーク近代美術館など海外の主要美術館に永久収蔵、永久展示は多数ある。彼は、『Newsweek日本版』の「世界が尊敬する日本人100人」に2度選ばれている。彼は、デザインによる世界平和構築をめざして『Peace–Keeping Design (PKD)』というプロジェクトを提唱した(HPより)。

川崎さんは、独自のブランドを「オータキペーパーランド」と命名し、和紙職人たちと商品開発を行ってきた経緯があり、和紙職人たちは、この時かなりの部分、川崎さんからデザインマインドを徹底的に鍛えられたという。

「毎日デザイン賞」調査委員/「シップ・オブ・ザ・イヤー」選考委員会委員 /「日本文具大賞」審査委員長/「DESIGN TOKYO –東京デザイン製品展–」審査委員長/「DESIGN TOKYO –PROTO LAB–」審査委員長
多摩美術大学・客員教授/金沢工業大学・客員教授(2015年3月まで)。大阪大学大学院・医学系研究科にて『危機解決産業創成デザイン重要拠点』として、「コンシリエンスデザイン看医工学寄付講座」特任教授・プロジェクトリーダー(2018年3月まで)。1996年名古屋市立大学、2006年大阪大学大学院に移籍し、2013年には名古屋市立大学・大阪大学の国公立2つの大学の名誉教授
〈主な作品の収蔵先〉・ニューヨーク近代美術館(CARNA・X&I・PlaSchola)・スミソニアン博物館(クーパー・ヒューイット国立デザイン博物館)・フィラデルフィア美術館・金沢21世紀美術館

増田頼保

〈第四節〉
越前和紙の里の未来への挑戦者

〈壱〉株式会社 長田製紙所 長田和也さん

ふすま紙を製造している株式会社長田製紙所の四代目社長、伝統工芸士である長田和也さんは、先々代より伝わる「飛龍(絵柄を漉き込む技法)」を用い、タペストリー・漉きあかり(和紙ランプシェード)・テーブルセンター等、お客様のニーズにあわせさまざまなアート作品も製作している。

長田さんは高校卒業後、東京の大学へ進学し、経営学を専攻していた。卒業後は東京にある内装材料を扱うお店へ就職した。四年間、ふすま紙や内装材を売る現場を経験した後、家業へ入った。

インタビューの中で「ふすま紙」を残し続けていきたいという強い想いが感じられた。ふすま紙の利用量はライフスタイルの変化により大幅に減少しており、大変厳しい現状である。しかし技術も道具も工場も使わないと退化してしまう。昔から続く仕事を止めずに、これからどのように事業展開していくかが課題である。ふすま紙を残し続けていくためにも、長田さんは自分自身の感覚で、試行錯誤し、模倣できない芸術的な和紙を作っている。感性や感覚は、その人にしかないものだから、模倣はされない。

「これからの職人さんも自分自身の感覚で、自分なりに真似できないものを辛抱強く、我慢強く、諦めずに作らないといけない」と言う。今後挑

長田和也さんの製作風景

戦したいことは、薬品を使わず、天然紙を漉くことだ。前から趣味程度に天然紙を漉いていたそうである。毎回趣味でやり始めたことは仕事になってしまうという。

仕事をしていて辛いことがたくさんあると思われるが、長田さんが作業しているその姿は、職人の手本の如く勇ましく映っていた。

最後に長田さんに「長田さんの強みは何か？」とお聞きすると、「それは、諦めないところである。あと思いつきであろうか。計画的に仕事を進めていくのは大事かもしれないが、それだけでは満足のいくものでない」と言っていた。そうした長田さんの強みは長田さんのつくる和紙にも表現されている。

南口梨花

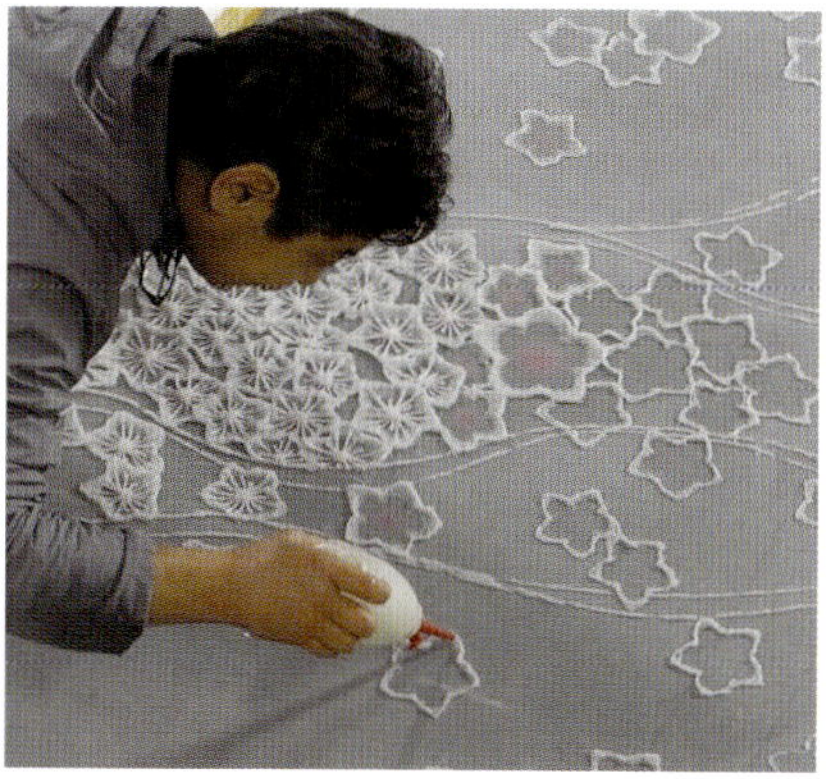
飛龍の技法で作品を製作

漉きあかり（和紙ランプシェード）

大安禅寺（福井市）での「福時」展示の様子

〈弐〉有限会社 やなせ和紙
柳瀬晴夫さん

ふすま紙・小物和紙製品などの手漉き和紙を製造している有限会社やなせ和紙の代表取締役、伝統工芸士である柳瀬晴夫さんは、二代目社長である。この会社は、初め手漉き和紙を製造していたが、その後機械漉き和紙へ事業を転換した。しばらくして、柳瀬さんの伯父(父親の兄)が機械漉き和紙、父親が手漉き和紙を任され、その際に会社を二つに分けた。

父親が手漉き和紙の会社を任された頃、柳瀬さんは大学二年生で、福井の大学で繊維染料を学んでいたが、一年間大学を休学し、家業をすることになった。そのうちものづくりの面白さに気づき、大学も中退すべきか迷いが生じたという。

しかし学友から大学に戻るよう促されて、柳瀬さんは大学に戻り、卒業後家業へ。四人の姉の後の長男だった柳瀬さんが二十四、五歳になった頃には父親が七十歳で、何も分からないまま会社を任された。その頃は、バブル期で漉いた和紙は漉いただけ売れる時代であったが、平成四年頃になってから景気が悪くなり、ふすま紙は次第に売れなくなっていった。

ふすま紙だけを漉いているときは地元の問屋に作ったものを持っていけばよかったが、現在は最終製品を作らなければ存続していけない。やはりこれからはデザイナーと一緒にものづくりを行うことが必要であると柳瀬さんは考えている。和紙の職人さんもデザイン力を持つべきであり、デザイナーが言うことを理解できないといけないと言う。

柳瀬晴夫さんと息子の翔さん

オリジナルプロダクト 手漉き和紙の小箱 harukami moln（モルン）

柳瀬さんは若いころに福井県出身のデザイナー川崎和男さんとの出会いがある。その川崎さんに鍛えられ、よいものをたくさん見て、感性を養ってきたそうだ。だからこそ、デザイナーと一緒にものづくりをする時に意思疎通がしやすかったと柳瀬さんは語る。

まだまだアイテム数が少ないが、「デザイナーと共に作ったharukami商品に続く第二弾、第三弾をつくって、将来はアンテナショップができたらいいなという想いがある」と柳瀬さんは言う。

また仕事以外には彼は、紙漉き歌を歌っていたり、三十年間以上バンド活動をしている。忙しい日々の中で、仕事も趣味も楽しむ柳瀬さんの姿は魅力に映る。

増田頼保・南口梨花

夢の会バンド 柳瀬さん（左より2番目）

小箱成形前の和紙

〈参〉株式会社 滝製紙所 瀧 英晃さん

ふすま紙、壁紙、美術小間紙を製造している滝製紙所は明治八年創業、奉書や檀紙を抄造し、大正五年に襖鳥の子類をはじめた。昭和三十二年に会社組織にし、機械漉きを設けた。

お話をお聞きした当日は、瀧さんが伝統工芸士の試験に合格した記念すべき日であった。

瀧さんは中学二年生の頃からデザイナーになりたかったそうだ。高校生の終わりから、父にこれからはデザインの時代だと言われ、イラストレーターを触りだした。瀧さんは高校卒業後、福井の大学で経営を学び、洋服屋でアルバイトをしていた。瀧さんが服を好きになったきっかけは、パンクロックバンド、セックスピストルズにある。メンバーが着ている――

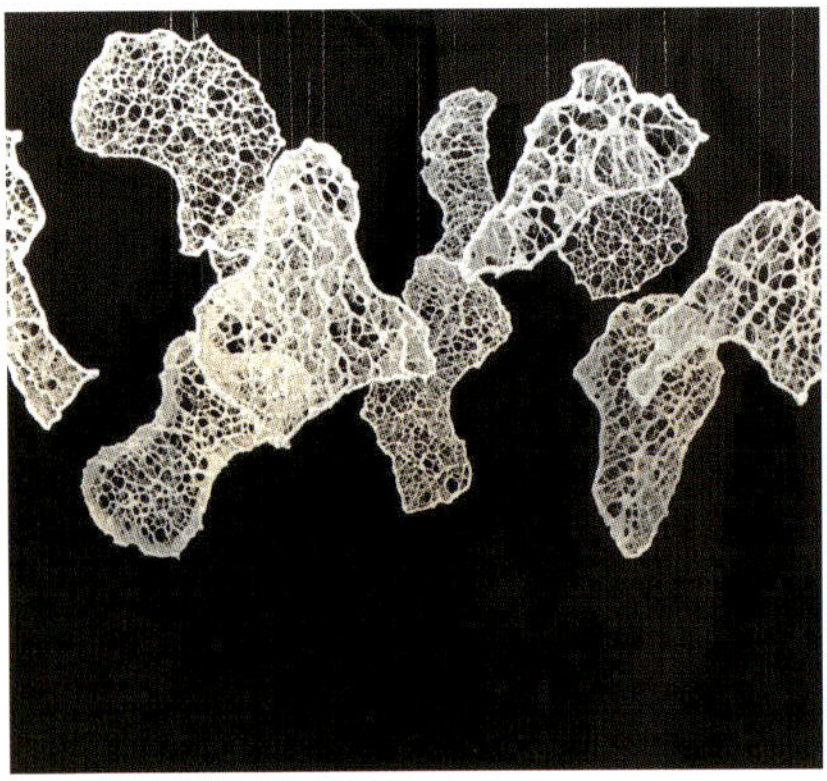

レースの様に透けている瀧さんの和紙作品

伝統工芸士 瀧英晃さん

フランスの紙造形作家アイディー・ベルナールさんが工房を訪れる

Vivienne Westwoodに瀧さんは興味を持ち、それからUNDERCOVERに関心を持ち、服が好きになったそうだ。

大学卒業後、内装材メーカーに就職し、テキスタイルデザインの仕事を任され、見本帳のデザインをすることになった。その後、彼は大阪のデザイン事務所に入った。瀧さんが独学で学んできたデザインと洋服屋で身についたセンスが仕事につながったのであろう。しかし四年半大阪で働いていた頃、あるきっかけがあり、実家に帰ることになった。産地の人たちの顔や現従業員、元従業員たちの姿を見て、家業を続けたいと強く思い、瀧さんは福井に戻ることを決めた。

瀧さんにこれからのことを聞いてみると、今のルート先はこれからより減っていくと予測される。販売が見込める商品を製造していく努力が必要である。販路を広げるのは比較的簡単だが、金額を落とさないのはなかなか難しい状況にある。そのような中で「会社はいかにあるべきか」というのを考えると、「想像を超える会社にしたい」という目標はある。自分も想像し、相手も想像するがその想像力に負けたくないと話す。

自分の強みは、いろいろな人との出会いや縁に恵まれることだと語っていた。それは瀧さんが持っているセンスや経験、素晴らしい人間性があるからこそである。

南口梨花

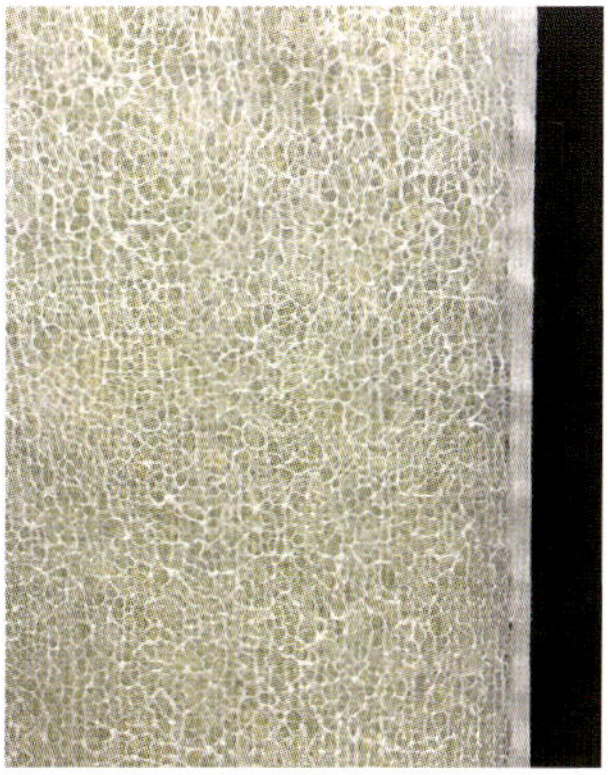
細かい水玉模様で構成された和紙作品

テオ・ヤンセン×越前和紙コラボレーション作品の試作風景

和紙作品

〈四〉株式会社 杉原商店
和紙ソムリエ
杉原吉直さん

杉原商店の歴史は、明治四年に創業したことに遡る。「杉原商店はちょうど百五十年近く経っている地元の産地問屋ですが、杉原半四郎としては、私で十代目になります」。

杉原さんは、「和紙のソムリエ」と言われるように、消費者の和紙に対するさまざまなニーズを受け止めて、それを現地の多様な生産者と結ぶ役割を果たしている。クライアントは「杉原さんに提案を依頼したい。和紙でなにか作ってほしい」というような施主さんから直接依頼があり、お任せされている場合がある。プロデューサー兼アドバイザーの形で進めることも多い。

国内外を忙しく飛びまわる杉原さん

仕事には、いろいろなパターンがあり、杉原さん自身が判断できることもあるが、クライアントの要望によって変わることもある。デザイナーと一緒にプレゼンテーションをすることもあり、かなり大規模なプロジェクトであったり、構造的に考えないといけない場合があったり、そうすると、構造的な思考ができる設計者と一緒に提案していくことになる。

杉原さんは世界にさまざまな顧客を持ち、世界と地域のつながりを一手に引き受けている。

ロサンゼルスや、ロンドンに外務省がジャパンハウスを運営しはじめており、そこにはデザイナーと共に商品開発したさまざまな商品が展示販売されている。杉原さんは、ドイツ人デザイナーのヨルグ・ゲスナーさん、芝浦工業大学の橋田規子さん、福井のデザイナー内田裕規さんなど、プロジェクト毎にデザイナーを使い分けている。

ロサンゼルスの越前和紙展の折りには現地のヒロミペーパー社の協力を仰いだ。コンテンポラリーアーティストの巨匠、リチャード・セラさんの版画用紙も越前から船便で出荷している。ひるがえって、もっと日本のアーティストにも使ってもらいたいのだが、なかなかそのような機会がないのは残念である。手漉きの雁皮紙や、楮一〇〇%の高級和紙への需要は、アメリカがほとんどで、日本のアーティストは高級和紙は求めていない。
建築関係ではニューヨークとの繋がりがある。ヨーロッパでは、フランスに一軒、パリのほぼ中心にある店舗で多くの越前和紙を扱ってもらっている。杉原さんの世界のニーズを聞きつけ、地域社会とつなげる仕事は、今日越前和紙の里にとって、世界に打って出るための窓口として大きな意味を有している。

増田頼保

オーストラリア キャンベラにあるレストラン

オープンキッチンホールを彩る和紙の装飾壁

㈱杉原商店 蔵ギャラリー。オリジナルプロダクトを多数展示。（上／凸和紙・下／岩野市兵衛×越前和紙プロダクト）

〈伍〉石川製紙株式会社
福井県和紙工業協同組合 理事長
石川　浩さん

匠の世界は、いわば一人ひとりが、野武士のように生きているようなものので、かつては、それぞれの武士が家業としての技法を秘匿して磨いてきた。地域はそうしたそれぞれの匠たちの競い合いの中で切磋琢磨し、高い技法を作り出してきた。しかし一方で越前和紙の里というコミュニティを全体としてまとめあげ、時代の中で生き抜くために地域全体を押し上げる人材も必要である。

いわばそこには「匠を育てる匠」という人の存在があってこそ越前和紙の里の文化が再生産していく。

越前和紙の里で長く福井県和紙工業協同組合(以下、和紙組合)の理事長をしてきた石川満夫さんは、そのような傑出した「匠を育てる匠」という役割をしてきた。そして「匠を育てる匠」という一つの家業を受け継いでさらに展開すべき役割を担って活躍しているのが子息の石川浩さんである。

二十一世紀の越前和紙の里の経営者像はやはり昔とは違うとことがある。世界を受け止めてこの地域を経営していかないといけない。父親の時代の越前和紙の形もあったかもしれないが、現在はもう一つ先もあるとも言える。今日ではユニバーサリティのある越前和紙とは何か受け止めながら考えていく必要もある。

浩さんは和紙組合理事長になり、何度もアメリカを訪れて、新しい動きも取り入れようとしている。

産地全体として強い危機感があると浩さんは言う。越前和紙の里には事業所が、六十軒弱(二〇一八年)あるが、後継者がいない事業所が、十二—十五軒あり、十年後には、自分たちの産地は三十事業体になってしまう。事業者が利潤を得なければ、現在の和紙組合の運営が成り立たず、和紙組合が主導でやっている展覧会や活性化事業ができなくなってしまうかもしれない。それが当然会社にもあてはまり、産地の存在が危ぶまれる時代がくると思っている。

そんな中で浩さんは、「特別仕様の紙が漉ける会社でありたい」と言っていた。ニッチな分野や他のできないような難しそうな注文を受けると「面白い。挑戦しよう」と思うそうだ。

新しい紙の開発は、やはり必要だと思っている。江戸時代にはこういう和紙を作ることができた。比喩的に言えば明治の時の紙は、こうなってこういう和紙が生まれたという経緯がある。大正時代には日本画の和紙が、昭和になると証券用紙・株券用紙ができた。

近年、小間紙という新しい模様紙がたくさん生まれているのに、平成三十年に入ってからは何も新たに生まれていない。浩さん自身は、やはりこの時代の和紙というものを生み出す努力が必要であろうと考えている。

その際、さまざまな情報ツールがある現代においては、地元だけが事業改善に努めるというのではなく、〈和紙文化〉を支えたいという人たちが緩やかなネットワークを形成し、越前和紙の応援団として、和紙の新たな生産活動が支えられていく形がよい。そして地元は、国内外のそうした応援団のプラットフォームになればよいと考えている。

杉村和彦・増田頼保・南口梨花

石川さんの卯立の上がる伝統的な家屋

越前和紙のブランド戦略の研究発表をする石川さん

今立現代美術紙展オープニングレセプションでの挨拶の様子

第二章 越前和紙の世界性
アメリカとの対話

Nicholas Cladis・山崎茂雄・増田頼保

〈第一節〉
アメリカでの和紙文化の展開とその意味

展覧会の目的、主催、スケジュールなど

二〇一八年、ロサンゼルスの日米文化会館(Japanese American Cultural & Community Center・以下「JACCC」)とヒロミペーパー社は、越前和紙を特集した特別展を開催した。「神と紙 KAMI TO KAMI 福井・越前和紙」展と題したこの展覧会は、六月二十四日(日)から七月二十九日(日)まで、JACCCのメインフロアであるジョージ・J・ドイザキギャラリーで開催された。この展覧会は、ヒロミペーパー社および、福井県和紙工業協同組合の支援を受けて実施された。

開催文によると、次のように記されている。

「福井県越前の神々から受け継がれた贈り物は、千五百年前の和紙の製紙の歴史で知られている。製紙に従事する約六十の工場が一つの小さな谷に集中している。越前和紙の本拠地は、不老、大滝、岩本、新在家、定友の五つの小さな村からなる越前市の五箇地区にある。これらの村は豊富な湧き水に恵まれ、山々に囲まれている。この地域の和紙は、その豊富な種類によって区別され、儀式用の伝統的な卒業証書など(溜漉きによる局紙)、公式文書(越前奉書紙)、および紙幣(過去の藩札や太政官札)が含まれている。

越前和紙は、名刺やはがき、絵画用にさまざまなサイズで作られている。越前和紙は、一九七六年に伝統的工芸品に指定された。」

この展覧会では、越前和紙の里の約二十人の職人が、和紙でできた茶室を含む、機能的で装飾的な手漉き和紙のインスタレーションを行った。このユニークな展覧会は、伝統的／現代的な版画や、和紙のあかり、そして大判の和紙の作品を通して、和紙のさまざまな利用法を探る展覧会となった。展覧会開催中に行われたヒロミペーパー社のワークショップには、和紙に興味を持つ約四〇〇人の来場者が訪れ、大きな賑わいを見せた。

アメリカ・ロサンゼルス ユニオン駅前

JACCC Japanese American Cultural & Community Center

JACCCについて

1971年に設立されたロサンゼルス-日米文化会館JACCC (Japanese American Cultural & Community Center) は、アメリカ最大規模の芸術と文化の中心地であり集会所である。5階建ての複合施設で、ロスアンゼルスのさまざまな非営利の文化、教育およびコミュニティ組織にオフィススペースを提供している。

244 South San Pedro Street, Los Angels, California, 90012
TEL. +213-628-2725 FAX. +213-617-8576
http://www.jaccc.org

ニコラス・クラディス

神と紙 KAMI TO KAMI 福井・越前和紙展

会　場　日米文化会館（JACCC ）ジョージ.J.ドイザキギャラリー
開催期間　2018年6月24日－7月29日
オープニングレセプション
2018年6月24日　13:00－15:00
クロージングレセプション
2018年7月29日　13:00－15:00
入場料　無料
開館時間　水曜日－日曜日　12:00－16:00
休館日　月曜日、火曜日、祝日

日米文化会館 JACCC 入口

ヒロミペーパー社はアーティストと保存修復の専門家をメインの客層とし、その他には美術系の大学の教員、学生が多い。

ワークショップの当日は通常の顧客層のみではなく、一般の来場者も少数ではあるが参加していた。アメリカでの一般的な和紙のイメージは「ライスペーパー（トレーシングペーパー）」であるため、和紙による多彩な表現に驚いていた。そして展覧会を通して彼らの和紙のイメージは変わっていった。和紙の製作は彼らがこれまで考えていたものよりもさらに複雑であったため、紙に対するイメージがこれまでよりも広がったと話していた。彼らはもっと日本の和紙のことを知りたいと言った。

会場に展示されたデザイン性や芸術性に富む和紙の作品は、いったいどのようにして作られたのか。まるで写真のようだという言葉が聞かれた。会場を訪れた人々は、そのような感想を口にしながら和紙の奥深さに見とれていたようだった。

全体として来場の動機は日本の文化への関心にあった。日本の和紙の展示を見て、コンセプトなどが提示されていないこともあり、人々はそれをより理解しようと見入っていたようだった。

楽しそうに会場準備をする青年部

クロージングレセプションでの青年部の紹介

ヒロミペーパー社 Hiromi Paper Inc.

ヒロミ・ペーパー社は、美術用紙および保存修復用紙の国際的な販売代理店である。店舗と倉庫はロサンゼルス郊外のカルバーシティにある。外壁にはスタイリッシュな壁画が施されていて、店内では世界中のさまざまな場所からの紙、製紙のための基本的な道具、そして製紙工程に関する美術史書や技術書を扱っている。

スタッフは、紙がどこから来たのかだけでなく、紙を扱うにあたっての豊富な知識を持っている。世界中の製紙業者との関係形成に最新の注意を払って、自社製品を効果的に海外の消費者に販売するようにしていて、日本においても、店内で扱うそれぞれの紙産地に担当者を派遣していた。

カタログ、ウェブ・ショップを概観すると、ヒロミ・ペーパー社の特徴である輸入製品の主な消費者はアーティストと修復家の2種類で、アーティストは、常に彼らの作品をより深くするための特殊な紙を探し、修復家たちには何十年もの間、古書や記念品を修復するために和紙を使っている。実際、ロサンゼルス国際交流基金でのヒロミ・ペーパー社のシンポジウムでは、これら2つのグループが参加者の大半を占めていた。

ヒロミペーパー社では、販売に加えて、教育についても重視されている。それは職人を保護するとともに、消費者のレベル向上にもつながっていくように思われる。しかし一方で、手頃な価格の紙（機械漉きでも手漉きのように見える和紙）を望む面もある。

ニコラス・クラディス

9469 Jefferson Blvd., Suite 117
Culver City, CA 90232 United States
https://hiromipaper.com　orders@hiromipaper.com
toll free:1-866-479-2744　phone:310-998-0098

神と紙 KAMI TO KAMI 福井・越前和紙展 ヒロミペーパー社会場（2018）

1	2
3	4
5	6

神と紙 KAMI TO KAMI 福井・越前和紙展 展覧会の様子
1. 2. 3. JACCC内の会場風景　4. 国際交流基金でのシンポジウム
5. 書道ワークショップで名前を書いたヒロミペーパースタッフのエドウィンさん
6. JACCC内での書道ワークショップ

1	
2	3 / 4
5	6

ヒロミペーパー社でのワークショップイベントの様子
1. ワークショップに並ぶ長蛇の列　2. 3. 墨流しワークショップ
4. 越前和紙で風車づくり　5. 紙漉きワークショップ
6. 紙漉きワークショップで作った作品を乾かしている様子

アメリカ人の和紙への関心

今日、アメリカでは多くの人々が、和紙文化に大きな関心を持っている。その中には後述するように木版画との関係で和紙を購入する人もいるが、日本文化への興味も大きい。木版画以外にもリトグラフ、エッチング、シルクスクリーン、ドライポイントなどの版画でも和紙は使われている。アメリカの版画の世界では、和紙は色々な使い方で考えられている。

アメリカは国外の多様な文化を受け入れ、さらに新しい形で使いこなし、また国外に発信している。アメリカに上陸し、内部化している木版画と和紙の文化は、アメリカを媒介としながら再創造され、世界の中で拡大していく可能性を有している。

アーティスト以外の人々にとっても、日本の文化やスタイルは興味がある。欧米でのこのような日本の文化の受容は、長い歴史を持つものであるが、アメリカ人は他の国からの技術やスタイルを適応させ、それらを新しい目的に使うことに興味を持っている。

カンザス大学では「東洋学」が教えられている。アメリカは和紙の伝統がないため、他国の伝統工芸の技法に興味がある。アーティストだけではなく、一般の人々も日本文化や美術に興味がある。その意味でアメリカ人は他の文化を意欲的に吸収しようとして努力するということができる。

例えば、ボストン美術館の東洋美術コレクションは、特に福井県とつながりが深い。福井にルーツを持つ岡倉天心が尽力した東洋美術コレクションをはじめ、フェノロサやビゲローによる浮世絵を含む日本美術のコレクションがあり、それらが東洋文化、ひいては和紙文化に理解を促すものとなっていたであろう。

アメリカでは和紙の伝統は存在しないが、その一方で、他の国々の伝統への強い関心を常に持っている。

東京国立博物館監修 葛飾北斎の版画「冨嶽三十六景」(増田頼保蔵)

木版画と和紙とアメリカ人

アメリカ人の和紙に対する関心は、木版画とそれに使われる和紙である。多くの場合、木版画と和紙という二つの分野は相互に関連している。ヒロミペーパー社でのワークショップ当日は、来場者の多くが版画を制作している学生や教員だった。その中では、日本での木版画セミナーをコーディネートしてほしいという要望も何度もあった。このようにアメリカの版画の世界では、和紙への関心はとても高い。

その中で、印刷、製本などの分野に携わる人々との関係に言及したい。サンアントニオ・トリニティ大学の版画家ジョン・リー教授の場合には、学内に彼のペーパーショップがあり、誰が何枚購入したかがカウントされるようになっている。こうした大学の中での木版画の教育は、多くの学生を魅了し、大学から日本へのツアーを生み出している。

カンザス大学木版画科では、二年に一度、二週間にわたる日本へのツアーが実施されている。最初の一週間は、学生のグループを阿波紙の産地である徳島県に連れて行き、楮の収穫から加工、製紙までを体験させる。和紙に関して言えば、アメリカの版画は元々リトグラフやシルクスクリーンなどが主流であった。その後、日本の木版画が入って人気が出てきた。阿波紙のツアーでは、体験学習後の残りの一週間は、富士山の麓のまち、山梨県富士

国際木版画会議国際委員会について

2011年6月に第1回国際木版画会議(IMC2011)が開催された。この国際会議開催に向けては、フィンランド、アメリカ、日本の関係者による国際木版画会議国際委員会が組織された。

この活動は1997年ー2009年まで行われた。その母体は、水彩多色摺り木版画制作研修事業(兵庫県淡路市 旧津名町・長沢アートパーク事業)に、海外から参加した数百人の大学関係者、版画スタジオの専門家、アーティストのネットワークである。

この事業は、1997年度文化庁文化のあるまちづくり事業に採択されたものである。第1回国際木版画会議終了後、山梨県富士河口湖に新たなレジデンスを開設し、東京・山梨に拠点を置き活動する国際木版画ラボ(MI-LAB)が母体となっている。

当事業は2011年ー2014年文化庁文化芸術の海外発信拠点形成事業に採択されている。

ニコラス・クラディス

参考資料

河口湖にある河口湖アーティスト・イン・レジデンス／スタジオ(MI-LAB)に学生たちは移動し、自分で漉いた紙に木版画を刷る。木版画への関心の理由に、それは、機械などの設備や大きなスペースが必要なく、手軽に取り組むことができるということにある。木版画を作るときには、必ず和紙が必要となるからである。

一般的に、アメリカの芸術大学の版画科では、アートフェアや交流の場がある時には、学生は参加者に対して自分の版画の手法を公開したり、作品交換をしたりして互いに刺激し合っている。しかし、絵画の場合、作品は一枚しかない。そのため作品を交換したりノウハウを分け合ったりすることができない。そういう意味では、版画はツールとして利用しコミュニケーションを取ることができる。

版画を学ぶ学生に対し、アートプロジェクトと和紙の関係を明確に定め、紙漉きのワークショップを早い段階で経験することができれば、紙の本質をよく理解することができ、それは非常に重要な教育の経験となる。学生時代には主に費用の問題で安価な和紙を求めたりすると、結局よい作品を残すことができない。

サンアントニオ・トリニティ大学内の製紙スタジオ（ジョン・リー教授提供）

漉き桁と木版画を作っている学生（ジョン・リー教授提供）

サンアントニオ・トリニティ大学 版画科教授 ジョン・リー

彼は、テキサス州サンアントニオにあるトリニティ大学の版画教授である。専門は、水彩版画である。彼がトリニティ大学に着任したとき、版画と製紙工房を備えた全く新しい美術施設を設立した。彼は、ティモシー・バレットに学び、和紙だけでなく、ヨーロッパ式の製紙についても知識がある。

彼は、何度か日本を訪れており、そこでMI-LABや「今立現代美術紙展」を含むレジデンスや展覧会に参加した。彼は、紙漉きの専門家ではないが、彼の講義では和紙を含むさまざまな紙を作ることを学生に奨励している。

実際、彼の版画教室は明らかに学際的で、生徒は自ら道具を作り、版画の境界を超えるような作品を作ることを勧められる。学生たちは、伝統的な版画技術とともに製紙を学び大学でインスタレーションや立体作品を作った。

また道具の作成は、彼が学生たちに版画印刷技術への働きについて深い観察力を養わせている。ただ印刷するだけでなく、印刷物を理解し、道具とプロセスの詳細を理解するだけでは十分ではないからだ。

ジョン・リー教授自身の作品は最小限で、彼の木版画は絶妙な木目の色のグラデーションの上に幾何学的な形を作成する大胆な線で構成されている。最近の研究で、彼は版木の上に天然木の質感を引き出すことを試みた。制作において、手作りの紙を使うことを好み（不完全な紙でも）、彼にとって、そのプロセスは作品と同じくらい重要だと考えられている。ジョン・リー教授は、紙と版画に含まれる材料の性質を理解しているので、同様にこれらの考えを探求することを学生にも奨励している。そして、彼は学生に木版画に和紙を使うことを勧めている。「MOKUHANGAモクハンガ」という用語は、アメリカの版画界で知られるようになった。

ジョン・リー教授はいう。「桑繊維（楮）は、綿繊維よりも長持ちする。韓国では、私たちは地元で楮を栽培し始めた。そしてそれは、西洋の紙よりも長持ちするという論文を書いたことがある。楮は半透明感があり、作品に深みを与えている。楮は何度も収穫できるので持続可能な材料と言える」と。

ニコラス・クラディス

K1701（2018）

サンアントニオ・トリニティ大学 版画科 ジョン・リー教授

アメリカにおける教育プログラム

アメリカの芸術大学の木版画科では、和紙製作が大学の教育プログラムに組み込まれている。ちなみに学生数は、一回生・二回生では約二十人から二十五人、三回生になると十人から十五人、四回生になると十人以下となる。さらに大学院生になったら一人くらいである。

木版画科の学生は授業の中で紙漉きやバレン（木版画を刷る道具）の作り方も習う。学生の時には、大学にプレス機など制作のための機材がそろっていて不自由はない。けれども、本人が大学を卒業するとそういった道具がないため、自宅でも取り組みやすい木版画を選択することになる。

アメリカの大学での和紙研究とその制作は、アメリカの三つの学問分野、すなわち保存修復とブックアート（製本芸術）、そして美術（ファインアート）にある。これらのフィールドはしばしば重複する。

ブックアートの分野には、作品としての本（アーティストブック）の制作と装幀の両方が含まれる。ブックアートの学生は保存修復の分野も経験する。加えて美術の学生もブックアートの分野に参加し、版画やユニークなアーティストブックを制作している。

アメリカの大学では、保存修復の分野は芸術・美術の分野と同様に不可欠であり、分野間の横断が行なわれている。こうした保存修復の観点から、アイオワ大学ブック・センターでは、ブックアートの学生は大学の保存修復の工房を利用することができる。和紙は保存修復の分野に欠かせないものとなっており、古書やその他の紙ベースの資料の損傷部分を修復するためによく利用される。

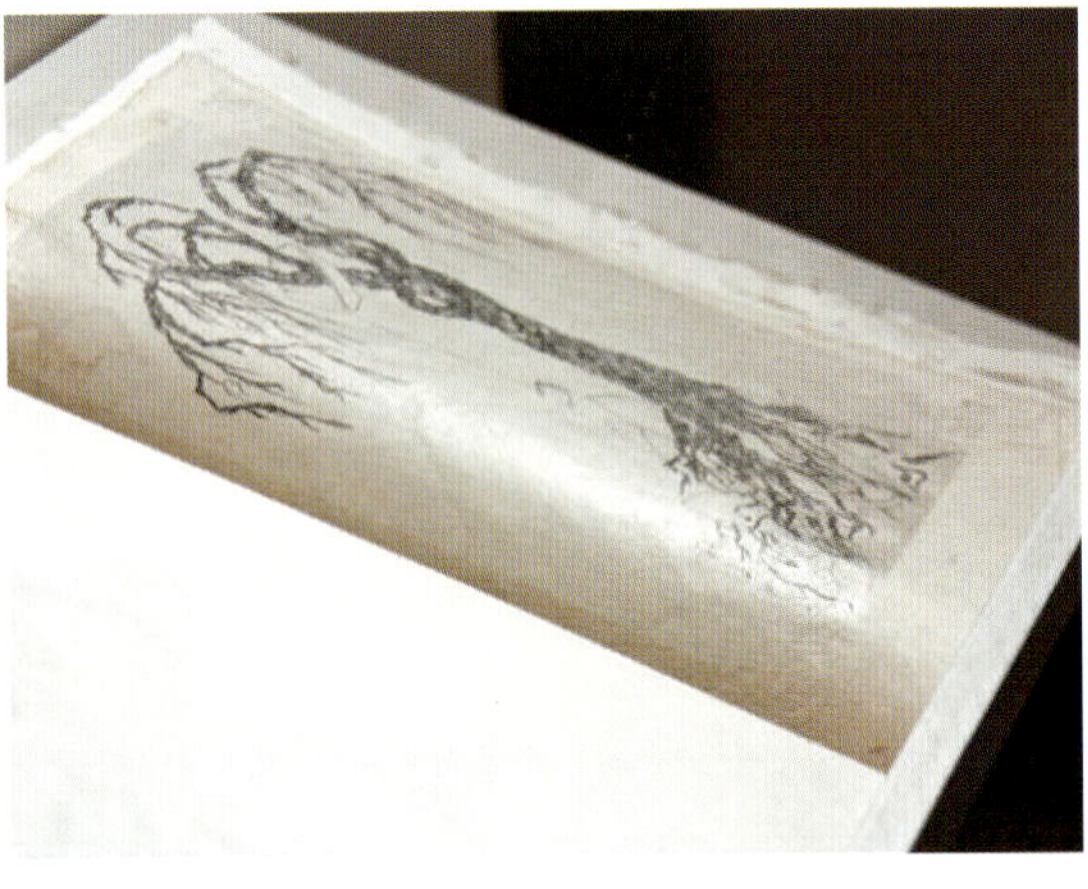

ニコラス・クラディスさんのアーティストブック作品

アラバマ大学MFA(マスター・オブ・ファインアート：芸術学修士)プログラムのブックアートの分野では、創造的な意味での和紙の使用が強調されている。同大学では、地元の農場の楮から和紙を作り、その手づくりの和紙を使ってアーティストブックを作る。ブックアートは美術の一分野であり、版画や彫刻などのアーティストが、さまざまな方法で和紙を利用している。和紙は装幀の分野でも重要である。和紙は水彩木版画に使われる主な紙であり、他の版画にも使われている。

国際的な木版画への興味の高まりもあり、木版画は和紙とつながっている。テキサス州でも一例があり、トリニティ大学の中に、古くて大きな伝統的版画プレス機と紙漉きの工房がある。日本にあるテンプル大学ジャパンキャンパスでは、版画の学生を集めて小川町で和紙が作られている。こうした版画学生の日本へのツアーは、ヨーロッパなどでも展開されている。逆に日本の木版画の摺師である菱村敏さんと、彫師の朝香元晴さんはヨーロッパやアメリカで木版画ツアーを開催しており、フランス、イギリス、イタリアなど多くの国で、木版画の製法を現地の美術愛好者たちに教えている。

展覧会の中で語られたこと その① 和紙の特徴

アメリカ人が和紙に抱くイメージは、人に優しく環境にも優しいオーガニックな素材であることである。今の時代、手づくりのものが好まれる傾向がある。アメリカでの和紙の用途は、インテリアやランプシェード、壁紙などであるが、和紙の壁紙はとても高価で富裕層にのみ受け入れられる。和紙のように見える壁紙もある。

大型量販店でみられる和紙風のラン

ティモシー・バレット

彼は、アイオワ大学Center of the bookの講師である。ティモシー・バレットは、数十年前に日本を旅しながら、さまざまな種類の和紙について学んで、自分の経験と日本の製紙技術について本『Japanese Papermaking: Traditions, Tools, and Techniques』(1983) を書いた。これは和紙の作り方を段階的に説明している包括的な英語資料の1つである。上述のアラバマ大学に加えて、アイオワ大学にも毎年学生と教員によって収穫されている楮がある。

ニコラス・クラディス

プシェードなどの商品はエキゾチックなインテリア製品として人気がある。和紙は版画や保存修復の分野で利用されているが、一般における和紙の受容は上述の通りである。

植物学の研究者は、和紙のオーガニックな素材性（和紙が植物からできているということ）に大変興味を持っている。気候、土壌、環境、原料由来（トレーサビリティ）の問題、アメリカ人はこれらの、人を取り巻く環境の問題に関心が持たれている。

アメリカでは、素材としての興味は、ノントキシック（非・有毒）であることと、環境に優しい素材であることが好まれる。オーガニックなものであること、自然に放置すれば分解可能な天然素材、手作りであること、保存性のよいこと、文化的背景に意義が見出される。アメリカの芸術大学の学生はノントキシックで自然な材料で制作をすることを重視する。

その理由は、画家や版画家たちは大抵素手で絵の具などを扱い、現場では指先の感覚や手のひらで薄くボカシを入れたり、擦ったり、拭き取ったりとわずかな差異を表現の中心にすることがある。しかし、版画などに使うインクなどの化学物質は人体に悪影響を及ぼす。毒性のある物質は次第に敬遠され、さらにそこに自然志向の流行が重なって、天然素材を好む傾向が生まれた。

テキサス州サウスウエスト芸術工芸大学のブックアートと製紙の講師であるレオ・リーによると、アメリカの学生は和紙が完全に自然のものであることに関心があるという。彼女は植物学を研究しており、アメリカのサンアントニオに楮を植えている。楮で作った紙は西洋の紙とは比べものにならないほど長持ちすると彼女は話している。

三椏の花と木、後ろの建物は卯立の工芸館

カンザス大学版画学部ユンミ・ナム教授は「オールドマテリアル（天然素材を含む）」について話す。紙、ガラス、粘土などのオールドマテリアルは長持ちするが壊れやすい。和紙も破れることはあるが、長持ちする。焼きものは落とすなどすれば割れるが、落とさない限りは数百年はもつ。オールドマテリアルという言葉が好きで、中性紙というのも重要である。反対にニューマテリアル（人口素材・新素材）であるプラスチックは時間が経てば劣化してしまうという。

楮の畑（福井県池田町）

テキサス州サウスウエスト芸術工芸大学
ブックアート＆製紙 講師

レオ・リー

彼女は、テキサス州サンアントニオにあるサウス・ウエスト美術工芸学校の講師である。製紙とブックアート（製本芸術）とその応用について研究している。筆者のインタビューに答えて彼女は次のように話してくれた。

「私の学生は、和紙の自然な品質に興味を持っている。その彼女は植物学を研究していて、和紙が植物から直接由来するという事実に興味を持っている。気候、土壌、環境の問題—アメリカ人はこれらの問題に興味を持っている。西洋の産業革命により、人々は手作りのものづくりに関する知識を放棄した。しかし今、私たちはその知識を取り戻そうとしている。東アジアはその問題を抱えていない。彼らは自分たちの手作りの仕事を放棄したことはない。アメリカ人にとって魅力的な技術と継続性がある」と。

カンザス大学 版画学科 教授

ユンミ・ナム

カンザス大学のユンミ・ナム教授は、木版画やリトグラフなどの技術に精通している版画家である。彼女は、学生と（2年に1回、阿波紙とMI–LABに）、または招待作家として頻繁に日本を旅行している。彼女は、和紙の使用を奨励し、製紙工程を理解したり、その効果を理解したりすることを学生に伝えている。彼女はほとんどの場合自分の紙を作らないが、製紙の教育をサポートし、学生自身が使用する紙の重要性を教えている。

「リトグラフに雁皮紙を使用している。薄いタイプの和紙は、紙のほぼ透明な切り抜きがプリントの一部の上に配置されている、chine-colle（チンコレ：版画のテクニックで、一般に雁皮紙を版板と同じサイズに切ったものを台紙に糊付けして印刷する技法）にも使用できる」と彼女は話している。

ニコラス・クラディス

昔ながらの紙漉きをしている岩野平三郎製紙所

ヨーロッパでは歴史の中で工業が発達するにつれて、伝統的な紙作りの手法が忘れ去られたが、日本では伝統が途絶えず、昔ながらの紙作りが続いている。材料としての特性へも視線が注がれ、文化的な側面にも注目されている。

　ユンミ・ナム教授はさらに、ロサンゼルスキャンパス（UCLA）の色付き雁皮紙の利用について語る。普通紙で作る版画は人体に有害なインクなどを使う。雁皮紙で作った版画はインクを使わず、雁皮紙の色だけでいいので体にも環境にも優しいという。

　JACCCの展覧会場で建築科専攻の学生に取材した際も、手作りの紙に興味を示していた。彼らは紙は文房具のひとつと考えていたが、墨を使わない白黒紙や錆色の紙にも興味を示していた。さらに工芸と科学の関係にも興味があると話していた。

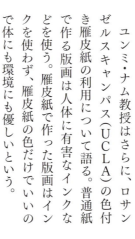

「西洋の産業革命により、人々は手作りのものづくりに関する知識を放棄した。しかし今、私たちはその知識を取り戻そうとしている。東アジアはその問題を未だ抱えていない。彼らは自分たちの手作りの産業を放棄したことがなく、アメリカ人にとって魅力的な技術との継続性がある」
（テキサス州サウスウエスト工芸大学　レオ・リー、二〇一八）

　アメリカでは、とりわけ手づくりのものに人気がある。そこに物語性があることが重要視される。アメリカにおける和紙の人気はこのようなものの一つの代表であり、芸術の分野では和紙の人気はとても高く、その志向はとても興味深い。なぜ手作りが高い評価を持つかといえば、そこには人間の手作業による時間が投入され、製品が高付加価値になるためである。

　マスプロダクションの世界の中心であるアメリカの中で、日常の中に和紙の手づくりが取り入れられているのである。マスプロダクションは、そこに介在する職人の技能の世界を許さない世界である。

手づくりの世界は規格化された生産と消費に対して個人的な創意工夫を許し、個性化された商品の創造を可能にする。このようなオルタナティブな生産消費にかかわる動きが、「和紙」をどのように取り入れるかという動きの中に展開しているのである。今日、このような世界がアメリカ人の愛する、人に優しい環境を生きる世紀の一つの動きとして展開しているのである。

「天然素材」は今日の「エコロジー」への志向と深く関係している。アメリカ社会でのトレンドという意味では、戦争による環境汚染や工場の環境汚染など社会問題として人々の関心は自然志向になってきている。再生可能な植物原料だから、エコロジーに合致していると言える。

植物に興味がある人も和紙に興味を持ち始めた。ブックアートにも興味をもっている人には、ハンド・メイド、ハンド・クラフトというラベル表示が重要になる。その背景は、自然回帰運動や東洋の思想や哲学者の著書が出回り始め、思想的な理解が進み、そうした影響も大きいのではないだろうか。

展覧会の中で語られたこと　その②　和紙のアートのアメリカでの受容

展覧会会期中に筆者(Nicholas)は、たくさんのアメリカ人が和紙の作品を見て評価する場に立ち会った。福井県和紙工業協同組合が出展した作品の中で、次の二つは突出した関心が持たれた。その一つは新しいデザイン性を持つ瀧英晃さんと、もう一つはまさにアートともいえる長田和也さんの作品である。来場者からは次のような質問が寄せられた。

「何を表現しているのか」

「この作品は、いかなるテーマを持っているのか」

「芸術作品の意味をどのように表現しているのか」

日本ではよく、「材料・素材」を中心に興味を持たれる。例えば、いかなる材料や媒体を使っているのかが重要な要素である。その材料は、どのように変化するのか、どれくらい変化しないのかが重要である。そしてその材料はどのように作られているのか、その特性は何かといったことが重要なこととして会話が進行する。その中でアメリカ人が強い関心を示したものは、日本の伝統技術がその特性として持っている、自然素材に対するあくなきこだわりである。

アメリカでは絶対的に「コンセプト」が重要である。例えば、アメリカでは政治的なテーマを表した作品が多く見られる。一方日本では、そうした政治的な作品はあまり見られないが、素材については深く考えられている。

ある作品のコンセプトということが、アメリカ教育関係者の間では非常に重要な問題である。それは、創造性という思考に結びついたものに対して、それをその文化背景から理解したいという意識に結びついている。こういう眼差しを背景として、長田さんの作品のコンセプトが尋ねられていたが、これは、今述べた文化背景に根ざす。

アメリカの来場者は、長田さん達の紙の作品群を見て、楮から造形が出来ることに非常に驚いていた。「これは写真か」とか「いったいどうやって作られているのか」や「こんなことが和紙材料でできるなんて羨ましい」といった感想が聞かれた。

そして展覧会で並べられた越前和紙の、芸術性の高い作品群の前で、アメリカ人はみんな、本当のところわからなかったというのが一つの現実だったのかもしれない。筆者が来訪者に英語で説明すると、「楮という説明はパネルで表現されている」が、直に話した方がよりよく伝わったということを来訪者は話していた。しかし、芸術作品のところには何も説明がないし、紙であることが理解できない様子であった。

「日本的には、あまり説明しないことが文化のようであるが、アメリカでは、コンセプトはどうか？」が作家と来訪者の重要な接点である。和紙の作品には、機能性があるとデザイン作品というふうに分類されるし、機能性がない場合は芸術作品（ファインアート）とされ、コンセプトが提示されないと来場者は不満を感じるように思われた。

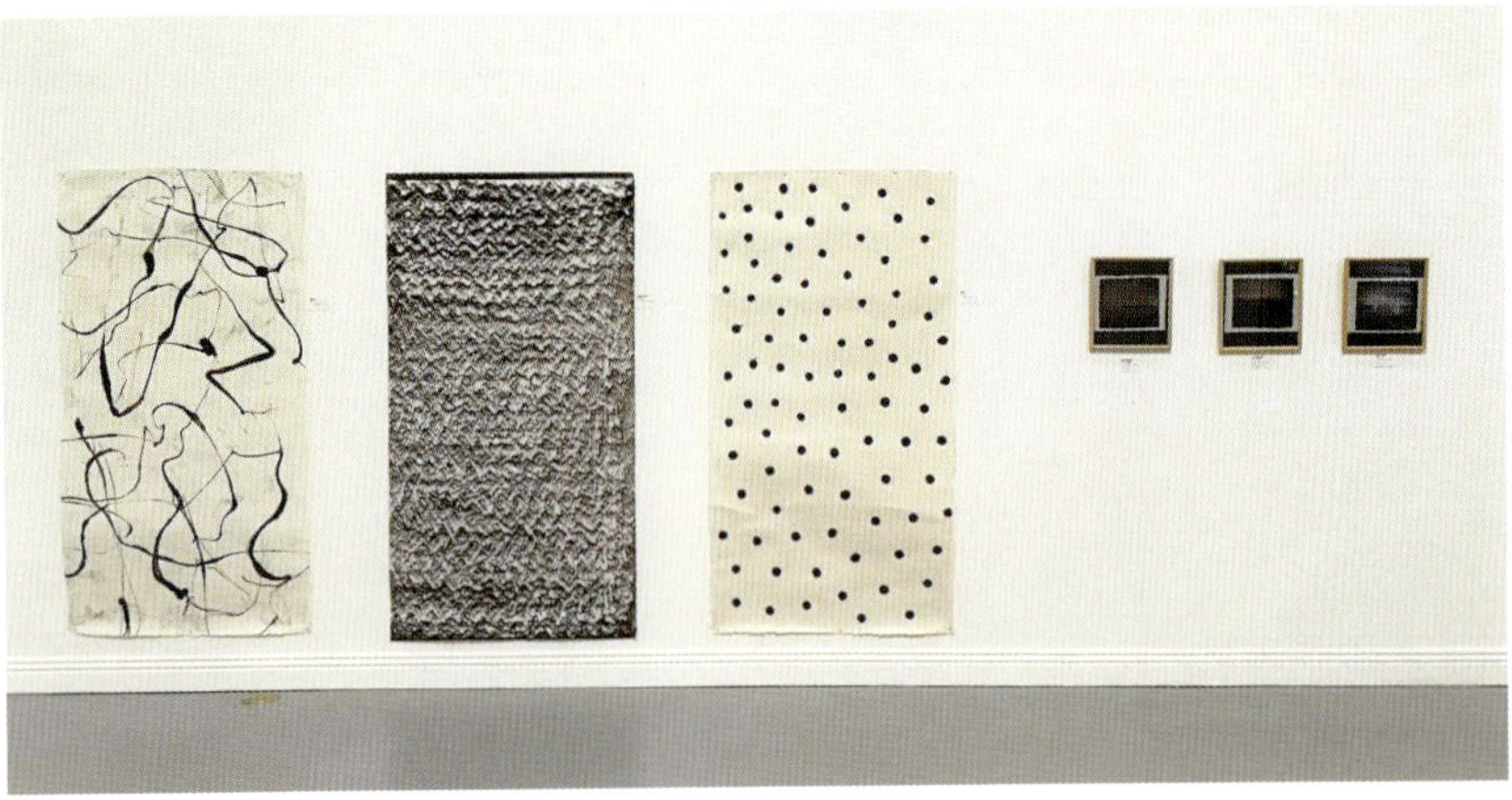

アメリカ・ロサンゼルスでの長田和也さんや瀧英晃さんたちの和紙作品

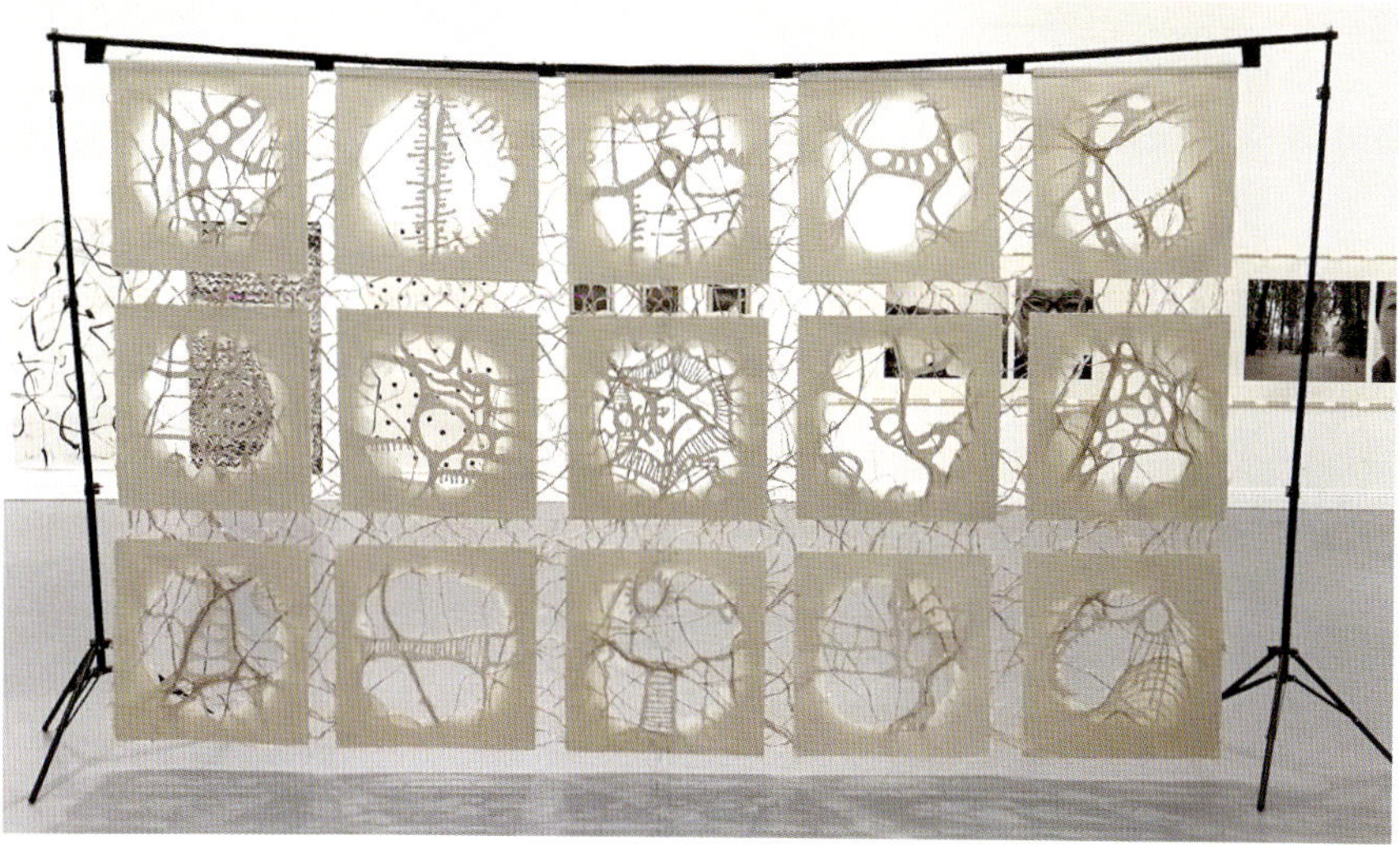

長田和也さんの和紙作品

コンセプトを重視するアメリカ的な理解からすると、問題は残る。ただ多くの人はその中で、これまで「紙」あるいは「和紙」というものに対する考え方が組み替えられており、今回の展示がその一つの契機を与える場面になっていたように思われる。その中で、「和紙は媒体であり、ただの材料ではない」ということが、理解されるようになってきている。現実に和紙の研究者の中には、そうした考え方を持って、和紙の材料そのものを作品とするような人も出てきている。

和紙は芸術品の材料ではなく、和紙そのものが媒体であり、芸術品となりうる。そのことが、西洋紙以外の紙も存在することを知ると可能性が広がるし、紙が芸術品の主な部分にもなる。

アメリカでの例にとると、先ほどのインタビューでも話されていたユン・ミ・ナム教授の作品は、雁皮紙を使った彫刻やリトグラフで、雁皮紙で本物そっくりのレジ袋などを作り、オールドマテリアル（古くからある、貴重な材料）で、ビニールの袋というニューマテリアル（新しい材料）をコピーすることで、材料とのコンセプトが考えられている。また建築家のフランク・ゲーリーは紙をモチーフに建築をデザインしている。ゲーリーの設計したウォルト・ディズニー・コンサートホールは、デザインに悩み、設計図を丸めて捨てることを繰り返す中で、やがて捨てた紙そのものからインスピレーションを受けたというエピソードが知られている。南カリフォルニア建築協会のアレックス・ロチャスも、建築学を学ぶ学生に和紙を教えている。

ユンミ・ナム教授のリトグラフ作品（右）
雁皮紙にプリント作業中（左）
（ユンミ・ナム教授提供）

このような視点が、アメリカの和紙の愛好者の中で広がりつつある。今回の展示が示したものは、学生の興味にこの視点が合致した。そして学生や教員たちからは「和紙材料で新しいことに挑戦したい！」という希望も聞かれた。また紙というと文房具だけだと思っていたものが、別世界を開いてくれたという感想も話していた。文字を書く媒体としての「和紙」の概念が、ここでは見直される。特にアメリカを例にあげると、その展開が日本や中国のような「書」ではなく、「版画」とのつながりを持つということであった。そうした「版画」の世界を超える和紙の素材の意味が、デザインや美術の領域と重なり合う形でその可能性を提示し始めている。

日本での展覧会では、「不思議」「ミステリアス」という言葉がよく聞かれる。日本においては、コンセプトは何かという問は少ないのに比べて、アメリカ人は第一にコンセプトは何かを

ニューヨークタイムズ スタイル誌

「和紙は世界で最も強い紙の1つである。」「和紙は引き裂くのが難しく、淡い黄金色で非常に丈夫である。」「この製品は、考えやアイデアを伝達するための面だけにとどまらない。それは彫刻的で触覚的な物体であり、その非常に物理的な存在は、その耐久性の説明に役立つ。」「和紙は、単にテキストや画像を運搬するものではなく、それ自体が対象となっている。単に視覚的に経験するものではない。和紙に触れることも必要である。」「和紙は、多くの日本の工芸品作家にとって、より活発にさせる比喩のようなものである。」

ニューヨークタイムズスタイル誌 ニキル・サヴァル（2018）　ニコラス・クラディス

大切にする。今回の展覧会はその端緒を示した。

これらを語り合うべき和紙の未来の可能性が始まっているが、その本格的な対話はこれからであり、和紙の先駆者として、世界の人々とともに導いていく姿勢を示さなければいけないのではないだろうか。

アメリカ・ロサンゼルスでの越前和紙の展覧会は、日本の中でも数ある和紙の産地の中から越前和紙を前面に押し出して、その特質をアメリカの和紙の愛好者に伝えるものであった。興味深いのはそのテーマとして掲げられた「神と紙」という言葉である。越前和紙の世界の中では、「神」は「紙」とつながり、地域の人たちの精神的な核を形成している。この精神文化も含めて、越前和紙の文化がアメリカに届いたが、それに関しては、まだ理解の範囲をはるかに超えていると言えるであろう。展示会のさまざまな場面の中で、和紙を愛するアメリカ人たちは、それをより正確に深く理解しようとして説明を求めようとした。

人間国宝の岩野市兵衛さんの紙についても、その技術的な意味を多くの人がより知りたいと考えた。匠の世界は、日本語においても、なかなか言葉にならないという。ましてやそれが海を越えて、世界の人たちと語り合おうとすると「技術」をよりわかりやすく翻訳し、説明していくことが求められる。そこにある〈越前和紙の里〉を包むような精神文化としての「神と紙」のつながりを取り出そうとするならば、日本とアメリカの文化交流にとって大きな意味を持つことになるであろう。

ロサンゼルスの展覧会の中の和紙をめぐる異文化の出会いは、和紙の文化の世界性とは何かということをめぐる新しい議論の出発の必要性を語りかけてくるのである。

Nicholas Cladis・増田頼保

和紙組合青年部が作った和紙の茶室

彫刻家 半澤《はんざわ》友美《ともみ》の発言

半澤さんは若き現代美術作家である。和紙の原料での造形作品を彼女は試みている。その半澤さんがサンアントニオ・トリニティ大学のジョン・リー教授を訪ねていた。そこで、筆者は、インタビューを試みた。紙について彼女は次のように語っている。

「私は、紙の作家、ヘレン・ハービットさんのペーパーリトリートを受け取りにコロラド州デンバーに出かけた。標高約2900m山の中のレッドクリフという小さな町の元学校がスタジオである。そのスタジオでは、毎日朝から夜まで紙漉きと紙の照明づくりワークショップが開かれる。それは、The Shape of Lightというタイトルであった。

一方、Valle de Bravoは、メキシコシティからバスで約2時間の距離に位置する。そこは、メキシコシティとは異なる湖岸の街、リゾート地である。出会いが出会いにつながって私はメキシコの2人のペーパーアーティストの自宅とスタジオを訪問したことがある。そのペーパーアーティストとは、バナナやトウモロコシの素材を用いて紙の作品をつくるPia Seiersenさん、メキシコの伝統紙アマテを使うLopez Orozcoさんである。素材が紙であるということは、日本もアメリカもメキシコも変わりがない。しかし、よく観察すれば、それぞれの紙に含まれる地域性や精神性に違いがみられる。さまざまな場所でいろいろな紙や作品をみることは、たいへん興味を惹かれる。

このあいだ、使わせてもらっている学校のクラス内で、私は対話をする機会を得た。内容は過去の作品から考え、和紙と洋紙の違い、感じていること、今挑戦していることなど多岐に亘った。この地に来訪してから、技術としてだけでなく紙漉き、紙の彫刻、芸術家がコミュニケーションを図るうえでかけがえのない経験をした。そして、私はカナダ・モントリオールのサント・アルマンド製紙工場も訪ねた。

海外では、アーティストが運営する紙工場が多くを占めるが、少なからず和紙に注目が集まってきていることを実感する。紙の原料を、私が見たなかでは育てている人は皆無であった。おそらく、一般の市場で原料が購入され、白皮の状態のまま煮られて、使われている印象がある。その原料供給先が日本であるのか、タイなのか、アメリカで育てているのかまでは把握できないが、もともとアメリカでも手漉き紙の文化は存在していた。そのため、リネンペーパー（手漉き紙）の工房はアメリカ各地にあり、次第にアートの関心が紙に向いてきたといえるのかもしれない。

この背景には、アートの方からソフトスカルプチャーへのトレンドの回帰、素材の多様化により、素材に紙を用いる作家が増えたことがあるように思える。例えば、それはアルテ・ポーヴェラ※（ヨーロッパの芸術運動）の影響があると考えられる。」

※イタリアのピエロ・マンゾーニの反芸術的活動から影響を受けた、イタリアの美術評論家・キュレーターのジェルマーノ・チャラントが企画した美術運動で、既成の絵画材料を放棄して、素材のまま木や石や自然の素材をあまり加工せずに作品化した傾向がある。

ニコラス・クラディス

White and Others (2017)

〈第二節〉日本発の素材に対する志向性を考える

和紙の素材

本節では、日本発の素材の性質に着目して和紙の素材に対する志向性を考察してみたい。和紙の素材としての性質を考えると、第一にそれは〈植物性に由来〉することに気づく。植物性という素材は、すべて自然から生まれやがて自然に戻るものであるから、〈環境にやさしい〉。しかも、和紙の原材料の〈価格は安い〉。なぜなら、それは石油製品のように基本的に海外からの輸入に依存しているわけではなく、地域資源が生かされたものであるからである。同時に、和紙の素材は、ハンドクラフトによる加工を得るから〈質も高い〉。さらにいえば、和紙の素材には〈多様性〉がある。その産地が日本各地に存在し、地方によってさまざまな特色を持つからである。

ネリの原料となるトロロアオイ

日本の文化としての和紙

和紙の素材には〈多様性〉があると述べた。その素材の性質をよく知ることで、それを加工して芸術家らの手によって芸術作品が生み出されていく。実際、国内外において和紙の芸術祭、展覧会が開催されているが、多様な和紙の素材が創造的に加工を施されて、幾多の芸術的作品が誕生しているのは、そのことを物語っている。和紙そのものが抽象化されて芸術的表現を生む。

歴史的にみて、これまで多くのアメリカ人たちは、そうした和紙の素材としての多様性を発見し、学び、理解して、それをわかりやすく他者に伝えることに努めてきた。

箪笥に眠る着物を再生し和紙との組み合わせで創作された屏風（大分県・涛音寮）

周知のように、歴史の浅いアメリカには、アメリカン・インディアンなどの先住民文化を除き、伝統文化というカテゴリーに属するものは皆無に近い。それゆえ、アメリカは世界の多様な文化を謙虚に学んできた。そして、アメリカはそれを理解して受け入れ、世界中の人々に英語という言語を通じて伝達することで、世界の文化が保存されると信じてきた。

このように、アメリカ人たちは世界各地の多様な文化を翻訳し媒介して世界中に伝えるという役目を果たし続けてきた。彼らの目に映る和紙の文化は、職人的力量を身につけた、質の高い日本文化そのものであったのである。

和紙の素材としての世界性

日本発の素材における多様性、いわゆる〈ダイバーシティ〉は、現代のアメリカ人たちが述べるように〈世界性〉ともいうべき普遍的価値を持つ。換言すると、和紙の素材自体は、時代の要請に応答した価値を有する。たとえば、日本発の和紙の素材は植物に由来し、同時にそれが有機農法から生み出されたなら〈オーガニック性〉を併せ持つ。まさしく、それは環境にやさしく、質の高さを誇るのであって、これらのこと自体が今の世界の人々が志向するトレンドないし価値観と符合する。

もっとも、日本における和紙の産地を形成する経営体は、概して規模として小さい。製造、卸、小売りを問わず和紙に関わる経営体は、決して大きな組織を持つものでない。西欧であれば、高い付加価値を生む小規模な経営体は、競争の過程で高い生産性を誇る大規模な経営体に事業ごと飲み込まれることも少なくない。ところが日本の場合、まずそういう状況に追い込まれることはない。むしろ、小規模な経営体が織りなす日本の和紙の文化は、アメリカをはじめとした諸外国に評価され、多くの共感を獲得し続けている。その理由は何か。このことについて、次に検討することにしよう。

厳しい環境

日本の手仕事を取り巻く環境は厳しい。狭小過密な空間において職人たちがひたむきに丹念に作り上げる姿を思い浮かべてほしい。職人たちは、時として発生する冷害、地震に苦しみ、とどまることを知らない災害に向き合いつつ耐え抜く。

しかし、こうした厳しい環境のなかにあっても、職人たちは仕事を楽しむことを忘れることがない。彼らは厳しい境遇に耐え抜くだけでなく、苦しいときにこそ、生活を楽しむ。職人に生きる人々は、そうした〈生活の知恵〉を併せ持つ。

実際、日本の各地には、労働すると

きには必ずといっていいほど歌がある。酒造りの歌、田植え歌が各地に遺され、世代を乗り越えて伝承されている。これらは職人たちの、いま述べた生活の知恵に他ならない。日本のお祭りの質の高さも、多くの人々の知るところであろう。苦しいときにこそ、仕事を楽しみ、その成果を多くの人々と喜びを分かち合う。今日、日本各地の祭りの多くがユネスコの世界文化遺産に登録されているのも、祭りの質の高さは世界中の共感を得ていることの表れである。

江戸時代に加賀藩から大量の受注があり、現在も続く富山県・五箇山和紙の産地

生活の芸術化

日本の産地には、人々が生活環境において厳しいなかで耐え抜いて、しかも、それを楽しみに変える力がある。日本の工芸が世界に受容されていくためには、こうした力がより高められ、普遍性をもって、工芸の世界性が持続的に獲得されることが必要となるが、それには産地において何が必要であろうか。言い換えれば、和紙の文化を例にとると、それがより世界な広がりを持ち、普及が図られていくためには産地に何が求められるのかが問題となる。

結論からいえば、まず〈生活の芸術化〉があげられよう。この点、〈芸術の本質〉に立ち返って考えてみる。そもそもお互い喜びを分かち合えるのが芸術に他ならない。苦しみを楽しみに変えるのは芸術の本質といってよい。そのためには、作品を手掛ける者は素晴らしい表現をしなければならず、他者の共感を呼ばないといけない。

本節では、十九世紀を生きたイギリスの二人の人物、ジョン・ラスキンとウィリアム・モリスの思想を手がかりにして、生活の芸術化とは何かを検討していくことにしよう。

ジョン・ラスキン(一八一九―一九〇〇)は、オックスフォード大学で教鞭をとった思想家である。そのロマン主義の経済思想に従えば、芸術そのもの自体も素晴らしいが、芸術が人々の人生を輝かせるともっと素晴らしいとされる。

ラスキンは、産業革命がもたらす負の側面に注目した。一八世紀の半ばからイギリスでは産業革命が起こり、自給経済から商品経済への移行が進み、工場制機械工業の発達をみた。しかし、それに伴う労働者階級と資本家階級の明確な区別が労働者に過酷な労働条件を突きつけ、労働環境は厳しさを極めた。少なからず労働者の生活が崩壊し、子供や女子を含む多くの労働者たちが貧困状態に陥っていく。

そのなかで、彼は、〈生活の中に芸術を入れる〉ことで人々の人生を変えようとした。彼は、生活の芸術化が社会を変えるための第一歩と考えた。

産業革命後の平均的労働者の住宅室内

他方、詩人であり工芸家でもあったウィリアム・モリス(一八三四―一八九六)は、ラスキンに多くの影響を受けた。生活のなかにステイタスシンボルとなるような高級品としての手仕事を持ち込もうということではなく、身近なものをもう一度よきものにしていく、その手掛かりとして、手仕事に注目した。単に製品の劣悪化だけではなくて、手仕事が社会の劣悪化をもたらしている産業革命に対する確実なカウンターパンチになるとモリスは考えた。

アーツ・アンド・クラフツ運動

知られるように、モリスが生涯最も力を注いだのは〈アーツ・アンド・クラフツ運動〉である。それは、労働者の生活のなかに芸術を吹き込む実践的な社会運動であった。実際、彼は一八六一年に〈モリス商会〉というインテリア工芸の小規模な会社を友人らと共同で設立し、ここをアーツ・アンド・クラフツ運動の拠点に定めた。

モリスによれば、卓越したデザイナーから生み出される生活調度品に囲まれたならば、人間そのものが成長し変化する。モリスは、モリス商会において工房で生産された製品がいかにして労働者家庭のなかに普及されていくかを考察した。いかに労働者層に手仕事による生活調度品の購入を促し定着させ、労働者の生活や人格をどのようにして高めるか、また変えるか、労働者自身の人格をそのことによっていかにして高めていくことができるか。彼はこうした視点から手仕事という存在を捉えたのであった。

また、モリスは生活調度品がよきデザインで、しかも庶民の生活のなかに入りうる価格：合理的価格で質の高い生活のなかへ持ち込まれると、やがて労働者の人格が高められ、その行いが自然を大切にする思考にも通底するとも考えていた。産業革命当時のイギ

ジョン・ラスキン

ジョン・ラスキン（1819-1900）は、ビクトリア時代のイギリスで活躍した思想家である。ラスキンの思想は、大きく芸術論と経済論の2つから成るが、人間の生命の進歩や生活の充実を第一義に考え、金銭を獲得するのはそのための手段に過ぎないというものであった。19世紀当時のイギリス社会においては金銭的な評価を第一に人間や産業の良し悪しを判断する風潮にあった。ラスキンは、こうした風潮を嘆いた。それは、金銭的評価を第一義に考える判断基準こそが人間の生命や自然の美しさ、歴史的文化財の破壊を生み、人間の品位や高貴さ、生きがいを喪失させる元凶と考えたからであった。

ラスキンのこの考えは、イギリスにおいてはウィリアム・モリスに継受され、その後のアーツ・アンド・クラフツ運動の思想的支柱を形成し、一方インド・アメリカにおいてはアマルティア・センの潜在能力理論に受け継がれた。そして日本においても、ラスキンは広く影響を及ぼした。柳宗悦や賀川豊彦にその思想が受け継がれたことは知られる。民藝運動の祖、柳は1928年の自らの著作『工藝の道』のなかで工藝美論者の先駆者としてラスキンを掲げていたし、賀川豊彦は、戦前に生協運動を興し、その活動においてラスキンの著作『ヴェネチアの石』（1851-1853）などから多くを学び取った。いずれも、過度の資本主義による格差の是正、商業主義がもたらす粗悪な商品の横行から生活の安定と生活の質を取り戻すものに他ならなかったのである。

山崎茂雄

ジョン・ラスキン

リスの労働者は、例外なく生活苦に追われていた。そうした生活苦は人々の関心までも影響を及していた。人々がお互い尊重しあって個性的に生きること、このことに対して、当時のほとんどの労働者はおよそ無関心であった。関心を持つだけの余裕がなかったのである。こうした当時の風潮を嘆いたモリスは、労働者間に他人を思いやり、同時に自分も尊重してもらいたいという気持ちを引き出したいと考えるに至る。こうしてアーツ・アンド・クラフツ運動では、人々が協力し合い、芸術作品を通じて生きる力を獲得することが目指された。

当時の労働者たちは、わずか一室の質素で狭小なスペースで暮らすことを余儀なくされていたから、労働者の生活を明るくするには室内カーテンこそが大事であるとみなされた。そう考えたモリスは、植物性のデザインをふんだんにカーテンに取り込むことに努めた。そこには生き生きとした、生命力が宿るものとみなされた。人々はカーテンにデザインされた植物を通じて生命力を体感できる。あわせて生物を配置する工夫も試みられた。そこには、小鳥と植物の絶妙な組み合わせが表現されたのである。

7308 Red House 天井（右）
Red House 内の窓 モリスのモットー
Si Je Puis (If I Can) が刻まれている（左）

こうしてモリス商会のコンセプトは、〈健康と生きがい〉に向けられていた。オーガニックな素材やデザインから生み出される芸術が人々の生活のなかに溶け込む。そうした環境のなかで過ごすと、人間はインテリア・デザインから影響を受けて、自然に対して強い関心を持つに違いない。自然に関心を持つ人間は必ず、健康に関心を持つ。というのも、人間が自然と共生したい、清浄な空気のなかで、かつ楽しい雰囲気のなかで植物に囲まれた暮らしを送りたい、そう欲する人間は、健康的な環境のもとで生活を保とうとするからである。

そして、芸術作品は現実の素晴らしさをシンボルとして示してくれている。優れたデザインのなかで暮らすことは人そのものを変え、生きがいをもたらす。と同時に、芸術作品は環境を変える。環境を変えることで、健康を生み出す。上に述べたコンセプトがモリス商会のデザイン性を常に支配してきたのである。

ウィリアム・モリス

ウィリアム・モリス（1834-1896）は、英ビクトリア朝時代を生きた美術工芸家・文明批評思想家である。産業革命後のイギリスにおいては、大量生産に伴う製品の多くが本来の機能と目的を喪失し、芸術性も失ってしまった。機械文明を批判し、手工芸品を通して生活空間の美化を目指す運動の中心となったのがモリスであった。彼は、大量生産に抗し、自らの流儀に徹し芸術の正当を信じた。そして彼はその実践として自らモリス商会を興すとともに、社会のあらゆる部門の連携が必要と考え、多くのデザイナー、ギルドと提携を図った。1888年にはアーツ・アンド・クラフツ展示協会が誕生した。この運動が大陸に伝播して、アール・ヌーボー、ドイツのバウハウスなど近代デザインを生む原動力となった。一方、日本においては、モリスの運動は柳宗悦らの戦前の民藝運動に多大な影響を及ぼした。

ウィリアム・モリスデザインのイチゴ泥棒

21世紀の今日、こうしたモリスの思想は現代におけるさまざまな課題を的確に予示し結びついていると考えられる。すなわち、彼は近代文明の大量生産、大量消費のライフスタイルやワークスタイルに対して厳しい目を注ぎ、目先だけの利便性や安価な商品の流通に警告を発していた。日常生活の美化から森林保護、プラスチックごみ問題の解決、古建築物保存、労働環境の改善といった一連の環境保護運動に至るまで、モリスの理論と実践はその意義を失っていない。

山崎茂雄

外村吉之介によって創設された倉敷民藝館

生きがいと健康という コンセプト

生きがいと健康というコンセプトを具体的に実践するには、何が必要であろうか。

その第一歩は、人々が自立していることが不可欠となる。そしてお互いを尊重し合うことが必要である。なぜなら、自己の可能性、創造性、個性をお互いに認め合い、学び合い、高め合う関係が築きあげられなければ、生きがいや健康は得られないからである。モリスらは、労働者が芸術作品を見て感動することのなかから他者と対話・交流し楽しみながら生活を送れる、そういう状態を作り出すことに努力した。感動しながら生活ができる、楽しみながら生活ができるのは、自己の可能性、創造性、個性をお互いに認め合い、学び合い、高め合う関係が存在することが前提であろう。

そもそも手仕事は、感性に基づき感動したものをイメージとして脳裏に描きつつ、それを手作りで製作していこうとする営為に他ならない。そうすると、科学的に素材を認識し、科学的方法で行い、知性を引き出す、そういう行動様式が手仕事のなかから自然に生み出される。こうして、手仕事こそが感覚と知性を結びつける役割を果たす。手仕事は自分に対する自信を生むばかりか、人間が丹精を込めて作ることで他者の喜びを生み、他者の感動を呼び起こすことになるであろう。

アーツ・アンド・クラフツ運動と和紙

これまでみたように、アーツ・アンド・クラフツ運動を通じてモリスらが志向したコンセプト、それは〈生きがいと健康〉であった。科学者的な目で素材を見ることは重要である。

生活調度品に版画を取り入れた高山市の飛騨版画喫茶

そうすると、和紙という素材は、これまで述べたように、①素材性、②多様性という意味で、生きがいと健康に貢献するものといわなければならない。こうした志向性を和紙そのものが持つことをまず確認したい。

では、日本の和紙文化が今後持続的発展を遂げるには、このふたつに加えて何が必要であろうか。この点について、次の二つの視座から最後に検討することにしよう。

そのひとつは、③コンセプトである。日本の産地は厳しい環境の中で独自の建築様式を作り出した。そして、インテリア製品の多くが手仕事から生み出された。モリス商会が担ってきたのがそうした生活調度品を核とするインテリアであったことはすでに述べた。同時にモリスたちがデザインを手がけたのは活字文化であり、書物工芸であった。

この点、そもそも和紙という素材は、インテリア製品や書物工芸といったカテゴリーときわめて強い親和性を持つ。「書物」を工芸品の一分野と位置付けた柳宗悦は、民藝運動のなかで和紙という素材を書物工芸の本質に掲げていたし、実際、柳らが創刊した雑誌『民藝』には和紙がその素材をなし続けていた。

柳宗悦による書が掲げられた掛軸（上）
越前和紙の装飾と精進料理（福井県永平寺町柏樹庵）（下）

もとより、日本オリジナルなコンセプトという視点から筆者は、さらに〈和文化〉というコンセプトをつけ加えたい。とりわけ和文化のなかでも〈和食文化〉は特筆に値する。伝統的な和食が栄養あって質の高い文化であることは今日疑う余地がない。二〇一三年に〈日本人の伝統的な食文化〉が世界文化遺産に登録されたのは、それを映している。こうした和食文化を日本人は民衆の生活の中に入れている。厳しい環境に耐えながらも四季折々の生活のなかに日本人は、伝統的な食文化を取り込んできた。

和食と和紙という組み合わせは、〈和文化〉というコンセプトに合致しよう。問題は、こうした〈日本の文化を世界に発信し広げる努力〉についてである。すでに述べた通り、アメリカがそうであったように、日本人も、他の文化から学び、理解して伝える努力が必要であろう。すなわち、各地の文化を翻訳できる人を育てるという視点が不可欠である。

具体的にいえば、それは国際性ということができる。和文化の特徴のひとつは一人ひとりが個性的に小さな面積のところで個人が手仕事の質の高さを持ち、高いデザイン力を生み出す点にある。それらを理解し抽象化、共通化するものを見つけ、あらゆる人間が楽しめる方策を打ち立て、そうしたコンセプトを世界の言語で発信すること、このことこそ、世界がネットでつながる時代においてはきわめて重要になる。そうした力量を持つ人材を育てていく必要があろう。

そして、もうひとつの視座は、④サスティナビリティである。和紙の価値が認められるにせよ、世代を超えて技能が継承されていかなければ、和紙の〈伝統と創造性〉は持続しない。

技能の伝承といえば、かつては徒弟制度が確立していた。洋の東西を問わず、徒弟制度が技能の伝承に有意であった。それは、ものづくりの「型」が決まっていた時代が長く続いてきたからである。しかしながら、現代は徒弟制度では対応できない。なぜなら、現代人の選好は常に変化するからであり、モードやデザインも需要の変化を捉えなければならないからである。

その意味では、徒弟社会のなかで老練な指導者から若い職人へと技能を単に伝えただけでは役に立たないし、製品も売れない。端的にいえば、「伝統を今に生かす」という視点こそが大事である。この視点が欠落しては、目まぐるしく変化する現代の需要に産地が対応できないのである。

では、産地が技能の伝承を持続的に果たしていくためには、いかなる制度設計が求められるであろうか。何よりも各産地においては、時代に適合した〈次世代の職人教育システム〉が求められる。この点についても〈バランスをとる〉という発想が重要である。

モリスによる一八六二年の著作『ユートピアだより』（ケルムスコット・プレス社）の表紙カット

ウイリアム・モリス

すなわち、熟練職人から次世代の職人へと技能が伝承されるが、その間に第三者を介在させるという育成システムがそれである。

これまで述べてきたように今日、時代の変化が著しい。常にそうした時代の変化に遅れないように、産地が〈研究を重ねる〉、〈時代のトレンドを見通す〉ことはきわめて大事なのである。つまり、そこでは〈研究開発機能〉の強化および〈生涯教育〉の導入が必要となる。その意味では、ここにいう第三者は学者がその役割を担うべきある。

さらに付け加えるならば、日ごろから〈ホンモノをみる〉という姿勢も必要となろう。すぐれた作品を見るという態度は、世代とは関係なく、不可欠といわなければならない。ホンモノのまちを訪ね、卓越したモノを見て歩く、こうした姿勢こそが時代を読み取ることに通じるからである。

山崎茂雄

アーツ・アンド・クラフツ運動

アーツ・アンド・クラフツ運動とは、19世紀後半のイギリスで起こった美術工芸運動を指す。産業革命後のイギリスでは、大量生産に伴い製品の大半は質の低下や芸術性の喪失が疑われるようになった。そのなかで、ゴチック・リバイバルが支持される一方、機械文明に対する非難の目が向けられた。こうした流れからウィリアム・モリスらは中世的な理想主義を抽出し、質の高い手仕事の再興を通して19世紀後半での美しい社会を実現しようとしたのである。

モリス主導のこの運動は、アメリカ流資本主義興隆の時代にあっては、中世崇拝の歴史主義、時代錯誤の半産業主義として批判の矢面に立たされたが、高度資本主義の弊害も指摘される現代、再びその先見性に注目が集まっている。

モリスのその先見性とは、すなわち❶この運動により、デザインはものづくりにとって単なる付属品や装飾品ではなく、〈不可欠のプロセス〉として社会で認められるようになったこと、❷〈芸術は労働における人間の喜びである〉との彼の主張は、労働イコール苦痛という従来の労働観を変えたこと、❸田園と都市を往復した初期の環境思想が確立されたこと、❹モリスがマーケットリーダーとして教会内から社会全体のユーザーへと顧客開拓を果たしたこと、❺モリス商会が〈モリスルック〉を確立し、その工房を見学者が絶えない初期の観光工場へと変貌させ、現代の産業観光の萌芽を見出したこと、❻職人たちのよる共同体の組織化が今日の情報通信におけるネットサイバースペースの開拓に途を拓いたことなどにあるとされている。

山崎茂雄

〈第三節〉
越前和紙、河合勇、アーツ・アンド・クラフツ運動

越前和紙
職人アーティストの誕生

IMADATE ART FIELD（今立現代美術紙展実行委員会）には、長田和也さんという地元の和紙職人がおり、その会社名は株式会社長田製紙所、事業主がとてもアーティスティックな和紙造形作品を作っている。

長田さんは伝統的な漉き模様を中心としたふすま紙デザイン・製造のほか、美術工芸紙、照明器具など活動は多岐にわたり、国内外を問わず高い評価を得ている。

第一章でも触れたように長田さんとその母親の栄子さんが三十年前に今立現代美術紙展に和紙職人として創作和紙を出品したのが、職人アーティストの誕生というべきものであった。

その時の栄子さんの作品は、楮の繊維を幾重にも重ねながらペルシャ絨毯のような和紙のタペストリーを完成させる。

一方、和也さんは、紙漉きは生家が営んでいるとはいえ、初めて取り組む。そういう意味では、伝統や歴史などにしばられることなく自由に取り組めたテーマでもある。出品規定を見ると立体作品だと三×三×三メートル、このサイズに収まればよい。思いついたのが、ドロドロになった和紙原料をまるで絵を描くように油差のようなものに入れて枠に流し込み何枚も作り、それぞれの和紙を楮の繊維のまま利用してつなぎ合わせるということから始められた。一九九一年の第十一回の今立現代美術紙展のカタログを見ると、栄子さん「マルイチジパング賞」を受賞し、和也さんが、佳作賞と親子で

マルイチジパング賞 REFLECTED COLORS（部分）長田栄子さん

佳作 circle 長田和也さん

ダブル受賞と記されている。その後も、親子で同展に出品が続けられる。

これはある意味で、地場産地の歴史を塗り替えた出来事であった。紙漉き工場の経営者が美術作品・芸術作品を作るということは、これまではなかった。

実際、バルセロナオリンピックのマスコット・キャラクターのデザイナー、ハビエル・マリスカルが長田製紙所にオリジナル壁紙を依頼したとき、「うちは、ロット一〇〇枚以上の注文じゃないと受けられません」と仕事を断ろうとした。たまたま、筆者の妻が通訳で立ち会ったときの依頼であった。その後、九州のホテルにマリスカルの作品が入ることになった。

これまでの商慣行は、紙問屋の注文があったら言われた通りに作る。これが、延々と受け継がれてきたことである。ところが親子二人は、今立現代美術紙展の出品をきっかけに創造的な世界に足を踏み入れたのである。そしてこの長田さん親子の動きを後追いするように、その後デザイン性や芸術性を追求する芸術系志向の職人たちがこの越前和紙の里から生まれるようになってきた。

この地域には、長田さん親子や瀧さんの活動に繋がる美術運動、今立現代美術紙展（一九七九―）がある。この展覧会は一九七六年十二月ニューヨークから二度世界旅行を果たした一人の画家、河合勇（一九三一―一九八〇）が故郷に戻り、越前市八石町の旧八石分校にスタジオを構えた時からこの物語は始まる（昭和四十六年廃校となり、武生市と今立町が合併して越前市になってから取り壊された）。

平成大紙に（一九九二年 バルセロナオリンピック）マスコットキャラクターコピーを描いたハビエル・マリスカル氏の作品

河合勇とアメリカ

河合勇が、ニューヨークからこの辺境の地に辿り着くまでには大きな転機があった。彼は、ニューヨーク時代の代表作「HIGHWAY」シリーズを製作後、全てを投げ打って西回りと東回りの世界旅行に出かける。Shaved Canvas（角を丸く削り取ったキャンバス）に現れ消えていく「HIGHWAY」、そのまるで蛇が蠢いているようなグレーの濃淡で仕上げられた絵画は、蛇行する川に似ている。河合自身、アメリカ滞在中にハイウェイを通ってニューヨークからロサンゼルスまで、二度往復している。

これは何を語りかけるのか。美術評論家針生一郎さんのように、河合のHIGHWAYを「輪廻転生」として捉える意見もあるが、彼の活動は狭い意味での芸術活動にとどまらず、常に社会性をはらんだものだった。アメリカの象徴といえばHIGHWAYであるが、必ずしも彼の人生は真直な道ではなかった。彼は、大陸発見、清教徒と言う名の侵略、ネイティブアメリカン迫害、黒人奴隷輸入、人種差別、暴動、世界征服計画、多民族国家など、アメリカの光りと影が交錯する環境に身を置いた。そのなかで、河合はペルーで移民の子として育てられ十歳の時、太平洋戦争で日本に疎開し、福井の地で福井大学卒業まで暮らした。父親は、捕虜としてアメリカのロングビーチに送られ、戦後そのままロサンゼルスに残った。

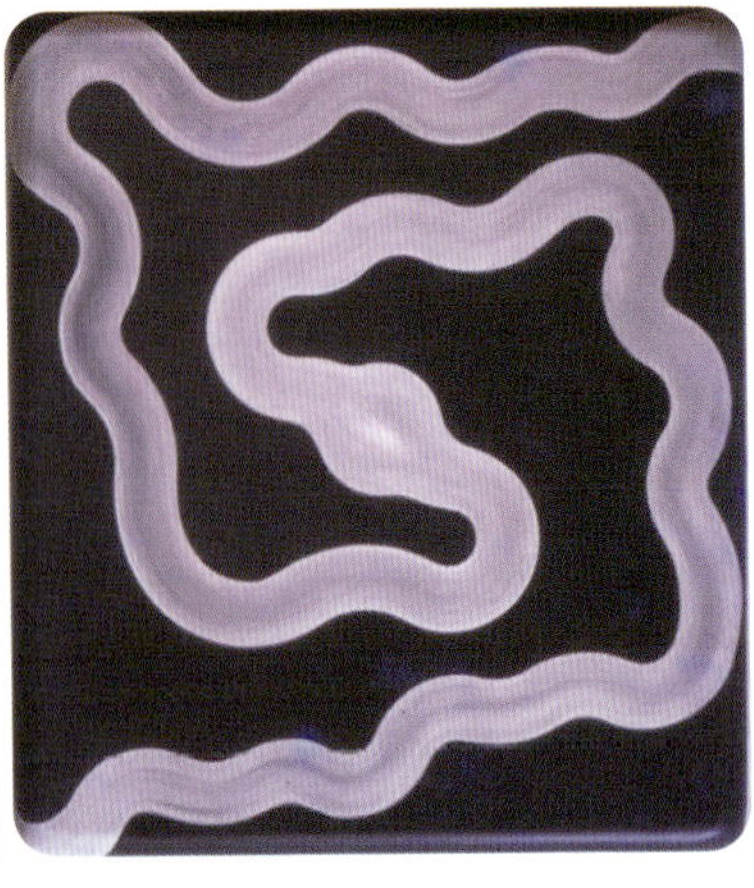
ニューヨーク時代の代表作「HIGHWAY」

ニューヨーク時代のアトリエ

1960年代のアメリカ

ソーシャリー・エンゲイジド・アート（社会関与型アート）のフレームワークができたのは、1960年代のアメリカにおいてであろう。そのフレームワークは、とくに公民権運動、民衆参加、コミュニティ・オーガナイジング（住民組織化）と連関している。そのコミュニティ・オーガナイジングは、基本的には若者の政治と文化に深く関わっていた。

当時、ソウル・アリンスキーがコミュニティ・オーガナイジング論を展開していたが、彼に若者らが共鳴した60年代は、公民権運動や黒人解放運動といった運動が盛り上がる時代でもあった。第二次世界大戦後のアメリカの社会状況としては、ニューレフトによるこうしたコミュニティ・オーガナイジングの動きは時代限定的ではあったが、そこから何か新しく生まれていくというものがあった。当時のアメリカにおけるニューレフトは、価値として民主主義を掲げつつ、対抗文化的なコミューンを生み、それが協同組合運動へとつながっていった。

河合勇は、アメリカのいくつかの都市を訪ねたあと、ニューヨークのソーホー地区を創作活動の拠点に定める。ところが、60年代のソーホー地区のロフト（倉庫街）は、ゴミ収集車が行きかうことがなく、また街灯もない、雑然とした状態にあった。そこで、河合たちは居住の改善を求める住民運動を展開した。彼らの住民運動が実を結び、次第に大きなロフトをアトリエにするアーティストが増えて、それと同時に画廊も数を増していき、ソーホーはニューヨークの一大画廊街に生まれ変わったのである。

河合勇の足跡をたどると、瀧口修造、阿部展也との出会いが彼のソーシャリー・エンゲイジド・アートへの関わりを決定づけたといってよい。河合のニューヨークでの創作活動の原点は、瀧口の勧めにあった。ローマ在住の画家、阿部展也は1963年にニューヨークに滞在し、河合のニューヨークのロフトで半年ほど作品制作に没頭した。記録によれば、河合は阿部の紹介で、ハンス・リヒター、マルセル・デュシャンを訪ねたことも明らかとなっている。このとき撮影したデュシャンのポートレイトは、瀧口修造の著書「幻想絵画論」（せりか書房、新装改訂版）の表紙を飾っている。

帰国後、河合は故郷の福井で若者らを集め彼らを創作活動に導き、和紙の職人たちをも巻き込みコミュニティ・オーガナイジング（住民組織化）を進めた。福井においても、その後特定の場所に存在するために制作された美術表現、サイトスペシフィックなアートが誕生し、現在にまで進化を遂げている。

こうした流れは、河合が60年代のニューヨークで経験した社会運動と無関係ではない。60年代の社会運動が脱美術館を指向し、地域資源を素材にしつつ場の文脈を取り込み、空間との相互関係で初めて成立する芸術表現を生んだが、それは今なお福井の地で追求され続けている。

山崎茂雄

パフォーミングアーツのメンバーと河合勇

一九六三年ローマ在住の阿部展也がニューヨークを来訪した。河合勇のニューヨークのロフトで半年ほど作品を製作する。阿部の紹介で、河合はハンス・リヒター、マルセル・デュシャンを訪ねる。この頃エドガー・ヴァレイズなどの芸術家を訪問した。また、在米中に彼はアメリカ大陸横断二回など米国内を旅行した。河合が三十四歳の年、ヘレン・ウォーリッツ・ファンデーション・オブ・ニューメキシコより奨学金を得て、ニューメキシコ州タオス・プエブロの保留地のアーティスト・コロニーに六ヶ月滞在する。

この間、河合はニューメキシコ州とアリゾナ州内のアメリカ先住民族美術及び民俗芸能を見てまわる。また彼は三十九歳の時、ジャック・スミス（映像作家）と交流し、共同で映画製作に入る。スミスらはオフ・ブロードウェイ14ST.シアターにて「シニスター・カンボジアン・フォーボーディング」（作・演出）を上演した。彼らはテリトリー・シアターを含め、三劇場において十三週連続で公演した。

その総体として「HIGHWAY」シリーズが生まれ、アメリカの生活そのものをすべて投げ打った時、河合自身の人生哲学を求める旅が始まったとも言える。アフリカでは、彼が求めようとしているものが見えたように思われた。アフリカ人民衆の生活の中に、木工や焼物が普段の生活と同じように存在していた。しかも、河合にとても嬉しいような人懐っこい表情でみんなが接してくれた。先進国にみられるタテ社会ではなく、学歴社会でのヒエラルキーでもなく、フラットな人間関係の中に充実した生き方が見受けられた。それは、生活の芸術化ともいえる。生活の中に、発見があり、創意工夫があり評価がある。

エチオピアナイル川を上る旅の途中

エジプドピラミッドをバックに記念撮影

村の若者とのアーツ・アンド・クラフツ運動

河合は、日本に帰国して越前市(旧今立町)の廃校に移り住み、地域の若者と芸術活動を始めた。そこでは、地域の若者にとっても驚くようなことがいくつもあった。その一つは徹底的な手づくり主義である。絵画教室といえば、画材を買い揃え、絵画技術を学ぶ場であることは今日も変わらない。しかし、河合のアプローチは違った。まず、彼はキャンバスを作成させた。それはノコギリや金槌を使った大工仕事である。中学や高校の技術の授業で学んだ程度で十分の作業は、美術など知らない農村地域の若者に大きな門戸を開いていったのである。若者が集まるのを歓迎した地域の住民が、丸鋸に電動カンナなど、次々と道具を提供していった。

河合の「手づくり主義」の原点は、陶芸教室を立ち上げる際の登り窯作りにあった。陶芸教室は、当時の井上福美今立町長から依頼があり始まった。そのとき河合は、一般的な陶芸教室ではなく、本格的な登り窯を作るということであった。そしてその登り窯を多くの人の協力のもとに、彼はまさに手づくりで作ったのである。

登り窯の製作現場での河合勇たち

そして河合は、世界とこの農村地域をつなげた。「ニューヨーク近代美術館って、それが何やって?」と、一般には憧れに映る舞台をあえて見下すように言ったり、自分たちの作品は「ピカソのゲルニカの横に並べても引けを取らない」と言ったりした。これには驚かされる。河合は、若者がそれぞれ描いた手法によって、あるいは、描こうとした世界観によって、それに対応する世界の有名作家の名前を次々に引き合いに出し、それぞれの若者、各自の作品をさらに探求する道に誘い、ますます志向を広げさせる。

こうして地域に持ち込まれた芸術としてのものを作りだす喜びは、地域の青年に、自分たちも一人の創造に参加するものであることを自覚させていった。伝統工芸もある意味では、マニュアル化された世界であり、そこからはともすれば新しい創造的な力は失われていきかねない。ものづくりの喜びの世界が死んだ労働に置き換えられていく。

それに対して河合が持ち込んだ創造する人間像は、越前の和紙の世界を舞台として、ものを作ることの喜びをそこに生きる人に再度自覚させるものであって、越前和紙の里の若者はそこに自由を感じ、世界とのつながりを意識してきた。

土岡秀太郎・河合勇・北美文化協会メンバー

産業革命の只中、機械が生活の中に浸透してくる中で、それが奪ったものは、手工業に従事していた人の「労働」だけではない。そこで奪われたものの中で、もっとも重要な事柄は、「働く」ということの中に人が託していた、生きがいや成長、そして働くことを通して得られる美や喜びであった。

ジョン・ラスキンやウィリアム・モリスなどによる手づくりの世界の捉え返しの作業は、そのときすでに機械の一部となりつつあった自分の「労働」を見つめ直し、その生産のプロセスの中に手づくりや手わざを復権しながら、芸術性のある製品を作っていくということから始まった。

モリスの考え方は、決して、かつてあった伝統的な手づくりの世界を保存しようとするだけでなく、あくまでも「故きを温ねて新しきを知る」という精神に支えられていた。それは伝統ある仕事から学んで、美しさや生き生きとした生活を取り戻そうとする動機に支えられたものであり、手づくりの世界がなくなることへの懐疑に裏打ちされていた。

そのことを通して、働くものが自尊心を育み、仲間同士の中に賞賛と共感が生まれ、それを可能にする技の世界の豊かさが浮かび上がってくる。

河合は芸術家として、この越前の和紙の世界の中にある歴史に支えられた厚みのある工芸の世界を抱き寄せることによって、手わざを前提とする伝統工芸の世界に新しい命を吹き込もうとしたのであった。これは日本の伝統工芸の世界の中でももっともラディカルなアーツ・アンド・クラフツ運動であったのかもしれない。

マスプロダクトと手作業

機械制大工業と大量生産·大量消費·大量廃棄の近代的システムは、圧倒的な価格競争力を獲得した。その利点を活かすため、政府は近代化システムの進展に力を注ぎ輸出経済やサービス経済優先の政策を推し進めた。その結果、大規模な交通通信システムを誇る大都市が巨大な消費地と化し、やがて産地や農地を支配いった。そして、中小·零細企業の大企業下請化が進み、都市の農地は工場と宅地へと転換していった。

ところが、社会課題の噴出、1980年代以降の情報革命が消費者の意識の変化をもたらし、消費者はやがて生活の質を求め、環境保護、健康、安全、安心に関心の比重を高めた。これにより、大規模機械装置·主導の産業づくりから、職人が中心となる人間主導の産業づくりが開始され始めたのである。ここでは、職人型産業が小型化して等身大の‘人間が制御しうる’機械の活用や手作業によるものづくりへの新たな転換が垣間見える。美しさを求める消費者に美しきモノが安全に届くかどうか、健康に被害がなかったか、環境を損なわず資源リサイクル、廃棄物の自然への還元が進んでいるかどうかに人々の関心が集まる。こうして今日、良質で文化的価値を誇る商品やサービスが世に広く流通し始めたのである。

すなわち、従来の分業体制と近代的な集中·量産体制に代わり、多品種少量生産の技術、伝統文化やアートによるデザインなどが生かされるシステム、人々が自らの身の丈に合う人間主体の技術や同度な情報·精密機械を生かし協働して成果を生み、それを分かち合うシステムが誕生してきた。ハーバード大学のマイケル．ポーターは、多様な企業、非営利組織、自治体などが地域の社会問題、環境脅威などを解決するために、創造的なノウハウや仕事を相互に提供·協働し、それに伴い協力者総体としての経済的価値を高め、その成果を分配するシステムに道を拓いた。彼はこれを共通価値の創造（CSV）と呼ぶが、第四次産業革命に伴うシェアリング·エコノミーの深化がこうした流れを加速させると思われる。

山崎茂雄

フランス·アルザス地方に根ざす陶器を作る職人

北イタリア·匠ネットワークの楽器職人たちによる演奏会

越前和紙の歴史から学ぶこと

越前和紙の里には千三百年を誇る長大な歴史が現存している。この地の信仰と、紙漉き技術の弛まない切磋琢磨による職人たちの創意工夫こそがこの地に紙漉きを根付かせてきた。恐らく、中国から朝鮮半島を経て、都に近い越前国が伝来の起点となり紙漉きの技術の追求をしてきた。

つまり、外来の先端技術を受け入れてそれを日本の風土や環境に適合すべく改良を重ねる。遂には流し漉きという均一の紙面と繊維の方向性の調整で、どのような要望にも合わせることができる技術も獲得してきた。そして、日本人はその技術・文化を大切に守り育て伝えることを延々とやってきた民族である。著述家・編集者松岡正剛さんが、このことを日本の編集・編集工学あるいは、漢コードの和モード化、日本という方法などで説明しているように、日本人は唐物の輸入のままに終わるのではなく、日本の風土に合うように編集を加えて行きながら独自の文化を形成してきた。

漢字にしても、禅にしても、和紙にしても、機織りにしても全て大陸からの伝承であるが、日本人はそれらを加工して独自のものにまで高めてきた。近代においては、自動車、コンピュータ、工作機械なども例外ではない。

越前和紙の歴史もさまざまな過去からの編集加工が施されて、現在の産地としての地位を維持してきた。それは、時の権力者の保護政策による特権を活かしながら、あるいは、芸術家との親交の中から生まれてきた和紙がある。明治期・大正期には橋本雅邦、冨田渓仙、横山大観、下村観山、小杉放庵、竹内栖鳳、前田青邨など大家が越前和紙を使用したが、このことによる波及効果は甚大であった。それは昭和期・平成期にも続いており、東山魁夷、平山郁夫、加山又造、千住博、草間彌生、海外では、リチャード・セラ(アメリカ)らがいた。

河合勇が越前和紙の里で引き起こしたローカルなアーツ・アンド・クラフツ運動は、グローバリゼーションの深化と環境の世紀の呼び声に応えて新たな時代を開く視座を獲得し始めているのかもしれない。

増田頼保

岩野市兵衛さんの参加した展覧会「越前和紙×アート」展風景

第三十回記念 今立現代美術紙展 一三〇〇展の展示風景

参考文献

第2章〈第2節〉

塩野谷祐一［2012］『ロマン主義の経済思想』東京大学出版会.

John Ruskin, Unto This Last,1862.（Included in Vol.17 of The Works of John Ruskin.)(飯塚一郎訳)
［1971］「この最後の者にも」五島茂編、世界の名著41『ラスキン/モリス』中央公論社.

吉田光邦［2013］『日本の職人』講談社学術文庫.

ジリアン・ネイラー（川端康雄・菅靖子訳）［2013］『アーツ・アンド・クラフツ運動』みすず書房.

ウィリアム・モリス（内藤史朗訳）［1971］『民衆のための芸術教育モリス』明治図書出版.

池上　淳［2003］『文化と固有価値の経済学』岩波書店.

川端康雄［2016］『ウィリアム・モリスの遺したもの』岩波書店

第2章〈第3節〉

『isamu KAWAI 河合勇展』図録　福井県立美術館発行［1996］.

『日本の手わざ1越前和紙』源流舎［2005］.

『別冊太陽 横山大観』平凡社［2006］.

松岡正剛『日本という方法－おもかげ・うつろいの文化』NHKブックス［2006］.

『和紙のある美しい暮らし』成美堂出版［2008］.

松岡正剛・エバレット・ブラウン共著『日本力』PARCO出版［2010］.

『イノベーション 日本の軌跡14－岩野市兵衛 岩野平三郎 小川三夫』FMTアーカイブ　新経営研究会［2014］.

『神々が見える神社100選』芸術新潮編集部編　新潮社［2016］.

『芸術新潮8月号』新潮社［2016］.

第三章 越前和紙の里

工芸観光の中を生きる困難と可能性

杉村和彦

〈第一節〉手仕事のまちと観光

一　怒涛の観光客の中で

「大瀧神社と言えば、越前和紙の産地、五箇の方々のソウルであろう。和紙産地の皆さんの心の拠り所で、大切な場所ではないか。それが神社に全然興味がない人がたくさん訪れるようになった。ましてや地元や紙漉きに、愛情を持ってガイドしている若い女性が一生懸命紹介していてもそれを全然聞かない人もいる。その話を聞いた時には、悲しいと思った」と越前市観光協会の小形真希さんは語る。

近年、日本で最大の和紙産地である越前市五箇地区、そこに多くの観光客が訪れるようになってきている。とりわけ二〇一八年には、その町のシンボルとも言われる大瀧神社に、多くのバスが大量の観光客を運んできた。小形さんによると、去年の推計だと越前市観光協会として派遣対応した数というのが千五百人ぐらいだったが、今年は上半期が終わった時点で一万人の来訪者を数えたとみられる。

大瀧神社まで来るようになった観光バスと観光客

このような爆発的な観光客の拡大の背景には、福井県が〈千三百年大祭〉のキャッチコピーをつけて旅行会社にセールスし、プロモーションしたことが大きい。

「観光客が大勢押し寄せる実力がこの産地にはある。たとえ相手が観光客であっても、越前和紙の販売促進につながるとよい。その仕組みを考えるといい」と小形さんは考える。

いろいろなバス会社がある。地域の人たちが協力して観光ガイドに立つようになった。その中には、この大瀧神社を大切に想い、世話して守っている人たちがたくさんいる。さらに小形さんは語る。

「私は観光協会の職員である。大瀧神社に…、越前市にたくさんの人が訪れることは望ましいと信じている。観光客が落とす金銭によって観光消費額が増えて、新たな雇用も生まれるかもしれない。ただ実際は、多数の団体客を送り込む旅行会社の利益や目的だけが達成され、肝心な地元は、利用だけされて疲弊して、地域の人たちの地元を想う気持ちやものづくりの精神が踏みにじられるようなことがある」と。

大瀧神社（二の鳥居）

大瀧神社（拝殿）

大瀧神社をガイドする地元の人

地元の人の本音　その背景、そして新しい形のツーリズム

日本のどこにでも見られるようになったマスツーリズムの観光現象との遭遇の中で、地域の人たちは、どのようにこの現象を捉えているのであろうか。マスツーリズムにおいては、その生成期から現在に至るまで団体によるパッケージツアーが中心であり、安価で安全な旅が可能となる利便性がある。小形さんはそのことを次のように説明する。

「最近では、ツアーバスが到着するときに和紙商品を売り出すような流れが生まれ始めている。もちろんそれは、観光協会としては好ましい」。

大勢の観光客をさばくために、専門的事業者として旅行代理店等を介在する必要がある。そのため送客側の立場が相対的に強くなり、観光地の事業者の疲弊がみられる。こうした地域社会と深くアイデンティファイしない観光客の流入が地域社会をさらに解体していく恐れを彼女は抱く。

「今ちょっとした観光バブルで、このバブルが弾ける可能性がある。特にツアーバスがたくさん来ているが、逆にいえば、そのことはツアーブームがその旅行会社である一定のところまで満たされたら、急に来なくなることも意味する。それは日本人にとっての観光地域すべてで起きている現象ではないか。残ったのはその地域の疲弊のみである。先行投資しても負債が残る事例は少なくない」。

このような背景には、観光入れ込み客の増大とは裏腹の、この大滝地区の中に現在押し寄せる極度の「過疎現象」がある。今、五箇地区の人口は急速に減少している。そのような中で、大瀧神社の維持も極めて苦しい状態が出てきている。観光で押しかけてくる人たちのお賽銭も決して小さなものではない。それは、大瀧神社の維持のために使われ、神社が支えられている。地域の人たちと共同で行っている「匠の里」の創生に関わる研究会の中で、観光協会の人の心配を打ち消すような意外な思いも伝えられた。

紙を漉く音だけがする静謐なものづくりの町に押し寄せるツーリズムの波がある。しかしツーリズム自身が持ってきた問題への自覚と全国的な新しいツーリズムへの模索もある。

このような時代の転換点の中で、地域の主体が、自らの地域を価値づけ、自らを観光の「着地」としてどのようにイメージしていくのかということが重要となってくる。

紙祖神《しそしん》 岡太《おかもと》神社・大瀧《おおたき》神社

越前和紙の里でいつ頃から紙漉きが行われるようになったのか、紙祖神の伝説では男大迹皇子が味真野に住んでいた頃、すなわち西暦500年頃とも、日本に製紙が伝わったとされる610年頃には既に始まっていたとも言われる。しかし、正確にはまだわかっていない。五箇地区を含む越前市には、古墳や集落跡など考古学的な遺物や遺跡が多く残っていること、五箇地区の隣の味真野地区には白鳳時代の廃寺跡があることや、現在の武生駅周辺に越前国府が置かれていたことなどから考えると、古代から開けていた土地であったことが想像できる。五箇の地を取り囲む三里山や権現山は標高が高くとも700mほどで、日当たりの良い山麓と平地に流れ込む川を有するこの土地は、古代の人々にとって住みやすい土地だった。

紙祖神川上御前を祀る岡太神社は、大瀧神社と並びたち、権現山の麓に里宮、山頂付近に奥の院がある。大瀧神社は、もとは大滝児権現として、719（養老3）年に僧泰澄によって創建され、2018（平成30）年には1300年の大祭が執り行われた。里宮は1843（天保14）年の再建だが、本殿の屋根が拝殿の屋根と連結する全国でも珍しい社殿建築で、国の重要文化財（建造物）に指定されている。

中川智絵

紙祖神 岡太神社・大瀧神社 本殿及び拝殿

手仕事のまち歩き

今日さまざまな地域イメージに寄り添った観光事業が展開されている。地域の優れた物語が、観光客を惹きつけ、その物語を現場で味わい、その地域に自らとアイデンティファイさせる。地方創生の掛け声が、そうしたよりすぐりの物語を立ち上げようとさせる。こうした現代の優れた観光イメージ力において、取り上げられるものの一つが〈高知家〉である。

その意味は、高知は一つの家（拡大家族）というメッセージであり、高知が「ぬくい（暖かい）」つながりの深い世界であることを強調する。とりわけそのようなつながりを作る場としての宴会を方言で〈おきゃく〉という形で表現し、またそうした共食、共飲の席の道具立てとして、さわち（大皿）文化をイメージ化する。

福井県でも、そうした地域を語る文化表象が求められているが、福井の歴史文化を全体として包み込むものを持っていない。そうした中で越前市が打ち出したキャッチコピー「手仕事のまち、越前市」は地域の多くの人のこころを捉えるかなり秀逸なものであった。

手仕事のまち歩きで案内される観光客

一人の県外からやって来た仕掛人がおり、越前市は「手仕事のまち、越前市」というコンセプトを打ちたてた。北陸新幹線が金沢まで開業した二〇一五年の頃、今までにも越前市は伝統産業の町として和紙、打刃物、タンスについて紹介はしてきている。しかし商品ばかりにスポットが当てられていた。

「私たちは観光協会であって、商品を売る組織ではない。市外のお客さんに越前市まで足を運んでもらいたいという考え方が基本にあった。それゆえ、〈産地を売ろう〉という発想が中心をなした。

和紙は千三百年の歴史があって、打刃物は七百年、タンスは三百年の歴史がある。私たちの越前市は「和紙の町」とも言い切れない、三つの国の伝統的工芸品がある。どれも素晴らしい匠の技であるが、さらに素晴らしいのは〈技〉だけでなく、〈歴史〉や〈暮らし〉

〈文化〉を「人の手」で継承し、その産地の町並みが今も残っている地域でもあるという点である。それらを一言でわかりやすく表現するのに「手仕事のまち」がよいのではないか。そして、そのコンセプトを体現する事業として「手仕事のまち歩き」という〈まち歩き〉企画もスタートさせた」。

このコンセプトは、越前市界隈では、地域社会のこころと触れ合うもので、地域の観光コンセプトとして短期間に取り入れられていっている。それまでの「菊人形」というようなコンセプトに替わって、数年のうちに広がっていった。小形さんは次のように述べる。

「やはり私たちの町は、ものづくりの町であることは違いない。ものづくりに興味がある人が訪ねてきてほしい」。

「観光客がきて観光の町になるわけではなく、この町はものづくりが主役の町といってよい。だから私たちはそこに観光という側面から光を当てて、ものづくりの町を発信する。最終的にはものづくりを振興する結果につながればよい」。

手仕事のまち歩きの様子（越前市〈旧今立町〉）

手仕事のまち歩きの様子（㈱五十嵐製紙所）

越前市〈旧今立町〉をガイドする地元の人

1	2
3	4
5	6

観光客がさまざまな工場を訪れる「手仕事のまち歩き」の様子

1. 山次製紙所での工場見学と和紙の解説
2. 三田村士郎邸の庭園訪問
3. キリン打刃物㈱を訪問
4. 滝製紙所での工場見学と和紙の解説
5. 福田製紙所にて墨流しを体験
6. ㈱杉原商店の蔵ギャラリー

観光客を迎える匠たちの笑顔

　このような伝統工芸に関する観光コンセプトや事業を企画するにあたって、越前市の観光協会でも心配することがあった。観光事業的には面白そうだが、それを迎え撃つ職人たち、面白いと快く受け止めてくれるのであろうか。しかしその心配は杞憂というべきものであった。地域の職人たちは、笑顔で受け止めてくれたのである。もう少し小形さんの説明を聞いてみよう。

「日頃は険しい顔つきのタンス職人の親方衆も含め、熱心に笑顔をもって観光客に職人の手仕事を熱く語る。

　左下の写真は、タンスの中身を観光客に見せているものである。実はこれは、からくりダンスである。親方がからくりまで披露し、お客さんに熱く語っていた。私もガイドをする時は、技の自慢を大切にして実践しているが、職人も自慢する」。自慢というのは「うちの商品ってこんなにすごい」という話である。

上坂親方の笑顔

からくりダンスを熱く語るタンス職人上坂哲夫さん

「もう一つが、打刃物の老舗卸問屋の話題である。お店の方の話を聞いていると、包丁の話はあまりされない。特に奥さんは結構ご自身の嫁入りの時の話や、身の上話などをする。

　すると、その話を聞いていたお客さんたちは、奥さんが売る包丁が買いたいって思う。だからこの写真に写っている人たちは包丁を買いたいって言い出した」。

　一見仏頂面の職人と思いきや、その人柄から自らの技を語るときに笑みがこぼれる。それに惹き付けられるように観光客の中にも笑みがこぼれる。町を歩き、訪ねる工房の職人たちは忙しいはずなのに、豊かな語りが展開される。

　匠の技だけ話されるはずだったのに、話がはずんでいく。すると職人の口からも奥さんとの馴れ染めが語られ、奥さんが合いの手を出し、観光客の中にその記憶が刻まれていく。そこには、匠の技とともに、生活があり、生き様がある。職人たちも一人の人間、生活者、その工房の生活の広がりが観光客にもう一度、この地を訪ねたいと思わせる。そのような職人と観光客とのやりとりが、〈観光〉という場の豊かさを作り出す。

打刃物卸問屋 キリン刃物株式会社の見学

店主の奥さんの話に夢中の観光客

手仕事のまち歩きの様子（越前市〈旧武生市〉）

地域が主体 新しい観光のまなざし

越前和紙の里の中核ともいえる大滝地区で和紙生産を営む長田さん一家が作ったギャラリーとして「記憶の家」というものがある。

それは地域の歴史、伝統を記憶にとどめることである。またそれを表現するということでもある。地域に支えられた「記憶」は国内外から観光に来る人たちにとって、そこに来る意味を深く感じさせるものである。「観光」の語源を尋ねるなら「観光」とは、「光」を「観る」という事柄である。

外国人が観る「光」には地域社会にただよう歴史の記憶がある。その記憶の家にエコミュージアムがある。観光研究の中でもエコミュージアムの第一人者である京都外国語大学の吉兼秀夫教授を招いて研究会を行った。

地域の水脈を尋ねる。地域にはさまざまな宝が隠されている。地元の人が地域を学び学習する「地元学」は自らの誇りを確認し、その「光」を確認する出発点となる。

地域まるごと博物館というエコミュージアムの思想は、国内外からのニーズに押しつぶされそうになる中で、地域が主体となる観光の一つの思想的根拠を支えるものである。

エコミュージアムは、ある一定の地域において、住民参加によって、その地域で受け継がれてきた自然や文化、生活様式を含めた環境を取り出し、地域の宝探し的な要素を持つことで地元学的な要素を持つ。地域を住民が自ら学ぶ。吉兼教授は、地域が全てつながりそれ自身がメディアとなって発信している場であることを次のように述べている。

エコミュージアム

エコミュージアム（仏エコミュゼ）は、1960年代フランスにおいて地方文化復興・中央集権排除の思想に基づいて誕生した。エコミュージアムとは、エコロジー（生態学）とミュージアム（博物館）との造語である。元来エコロジーがOiks（ギリシャ語で生活の場）に由来することからも明らかなように、エコミュージアムは住民の参画が重視される点に特色を持つ。かつてフランスのジョルジュ・アンリ・リヴィエールが中心になって考案・推進されたエコミュゼの理念、すなわち「地域の自然環境、歴史や文化、産業、暮らしなどを探求し、地域の営みから生まれた文化遺産や資源を再発見して地域で保存、継承、活用する」という考え方は、欧米を中心に多くの国々で共感を生んでいる。

日本においてエコミュージアムは生活・環境博物館とも呼ばれ、「ある一定の文化圏を構成する地域の人々の生活と、その自然、文化および社会環境の発展過程を史的に探求し、それらの遺産を現地において保存、育成、展示することによって、当該地域社会の発展に寄与することを目的とする野外博物館」と定義されている。

すなわち、エコミュージアムは「地域まるごと博物館」「屋根のない博物館」などとも表現され、このことからもわかるとおり、それは地域全体を一つの博物館と見なすことによって成り立つ新しい博物館の概念として理解されている。

山崎茂雄

フランスのMusée du Textile（フルミエエコミュージアム）

完全に復元された一八二三年創立のトレロンエコミュージアムガラス製造工場

「伝統工芸のそれぞれの製作場所に行けば、町全体がメディアになっており、そこに行くと理解が深まる。そして業者から言えば、自分の町にわざわざ向こうから情報を持った人が次々にやってくる。ところがそれを汲み取って正確に理解できる情報にするが、その仕掛けが今まであまりなかった。彼らもいろいろな思いで帰って行く。けれども、文句を言っている人ほど重要なメッセージを残す大切な存在である。でもそういう人は嫌な奴だって追い返してしまう。それをどうすくい、紙漉きのように紙にするかができていなかった。それが今できそうな状況になってきて素晴らしいと感じる」。

フランスのトレロンエコミュージアム訪問者はガラス職人からノウハウを体験できる

「後はお客さんの立場でいうと、越前和紙の里であり、どこの里であり、その製作工場に行ったら、一坪じゃなくてもいい、半坪でいいから、「作っている製品はこういうものだ」とか、「うちはこういうものを作っている」とか、「かつてはこの機械を使って今も使っている」など、ミニミュージアムみたいなものがあると、毎回説明できないから、今日忙しいからこれ見て帰って、こういう感じにしていくということができる。今時ITを使うのが悪いわけではない。でも生身の人から聞かないと喜びがない」。

吉兼教授は、「越前和紙の里ではまさに地域の記憶の井戸を掘っておられる最中であろう。それが何を目指しているか。それは水脈にたどり着きたいということになる。なぜここにこういうものがたくさんできたか、何らかの理由がある。水脈があるから、水があるから、ここは肥沃な土地ができるとか」と語る。そして次のようなエピソードが示された。

「打刃物の話を聞こうと思ったのに夫婦の昔の話が出た。それはとても嬉しい話ではないか。そこで見聞きしたことはエピソードとして家に帰って必ず家族にも友だちにも話される。この刃物はこういう特徴があると家に帰って誰も喋らないであろう。また和紙の製造の仕方としては、三椏を使う話題はある。その話題は、小学校で習ったのではないか。

　私の記憶にあるのは、萬歳楽ってお酒がある。そこの親戚の方の借家に私は住んでいた。その萬歳楽に行ったら絶対お酒を飲ませてくれるはずと思っていたら、「この水は美味しい」と言って紅茶を出される。酒蔵を訪問しているのに紅茶を出された。お酒の仕込み水だからそれは非常に美味しかった」。

フランス・ナント市にある古いビスケット工場跡地が美術館（二階）および地元産のレストラン（一階）に生まれ変わった事例。

　興味深いのは、そこにいる人は、すべて生活者であり、職人も一人の人間という事柄が浮き彫りになる。そして観光との関係で言えば、他者に自らを説明し語ることで自らを自省し、内発的に高まっていくということがある。

ここでは地元産の食材とお酒が出され、地元の芸術家の発表の場が設けられており、常に多くの観光客で賑わう。

記憶《きおく》の家《いえ》

記憶の家は、約5年前に改装し、今に至っている。元々は和紙工場として稼動していた。2階部分の廊下の横幅が大きいのは、和紙工場のなごりである。約40年前に住居として改装し、親戚が住むようになり、約5年前に親戚が転居したのをきっかけに、再び改装して、現在の形になった。最近では、工場見学に来る方が増えており、弊社の和紙の製作工程を見て頂いた後に、インテリア和紙と和紙アートのショールームとして記憶の家をご覧頂く機会が多い。やはり和紙が生まれる所だけではなく、最終的に生活の中で使われる所までを、一連の流れで見て頂きたいと考えている。そして「和紙を生活の中でどのように使っていけるのか」という提案をする場所の1つとして機能させたいと思う。

また、越前和紙産地にアーティストの方を積極的に受け入れていきたいと考えている。その際、アートに取り組んで頂く際のスタジオとして2階の白の洋室、また滞在場所として2階の和室を使って頂くことが理想といえる。工場内でアートに取り組みたい方や、神社の神域内で活動をしたい方に向けて準備を進めている。

近年の目標は、越前和紙に触れる人を増やし、和紙を使う人の裾野を広げ、和紙全体のファンを増やすことである。そのために産地に来て頂く見学者をさらに増やし、越前和紙の里エリアから大滝地区内の循環をよくしたいと考えている。

記憶の家は大滝地区の全製紙工場から程よく近い場所に立地している点から、工場見学中の休憩場所としても利用して頂き、より多くの工場を見学してもらいたいと思う。

越前和紙産地を少しだけ開いていく、その足がかりの場所として今後、記憶の家を使っていけたらと考えている。

長田　泉

記憶の家（上）／2階白の洋室（下）

手仕事のまちを歩く外国人

　パピルス館、卯立の工芸館、手わざ工房など越前和紙の里には、実際に紙を漉ける場所がある。そうした場所には、しばしばインバウンドの外国人が訪ねてきて、多くは一日、時には数日かけて熱心に和紙を漉いている。今立を訪れたインバウンドの人々の何人かを紹介しておこう。

スペインのバレンシアで禅道場を開いているホセ・バリェステル夫妻

Jose Manuel Blay Gil さん

　ホセ・マヌエルさんは映画や宣伝広告のSFX・3DCG(立体的なコンピュータ・グラフィックス)をイギリスで仕事にしているスペイン人である。

　ある日、日本に来るという連絡が筆者に入ってきて、筆者の自宅に泊まってもらった。筆者は、紙漉き体験ができるパピルス館に連れていった。紙漉きが初めての経験で彼は、興味深く観察していた。

　越前和紙の里では、とても小さいもの、例えば昔のレトロなお菓子のパッケージや、普通は目にも止めないような小さな和紙人形、和紙の折り紙、漆の看板など、さまざまなものが彼にはインスピレーションを刺激されるアイテムとして映っていた。

増田頼保

パピルス館で紙漉き体験をするホセ・マヌエル夫妻

イギリス在住のホセ・マヌエル夫妻

スウェーデンの学生たち

娘の友人がアフリカNGOの関係者で、その友人と一緒に福井に来て紙漉きがしたいと突然言ってきた。筆者にとって彼女らは初対面で、名前すら聞いてもいない女性二人と娘の友人であった。なんでも、彼女らは旺盛な興味の持ち主らしく滞在時は率先して創作和紙に取り組んでくれた。

創作する事に対して、人間は大らかな気持ちになれる。実際に越前市にまで足を運び、長い歴史ある和紙文化に少しでも触れることによって、人の記憶に残る。はるか遠く離れた地で、全く生活環境が違うところにおいても紙、特に和紙の原料でオリジナル作品を作るというのは他ではできない体験として記憶に残るものである。そして、それはよき思い出として語り継がれていく。

増田頼保

手わざ工房で紙漉きを体験するスウェーデンの学生たち

福井県はインバウンドの数が全国的に見てもきわめて低い。越前和紙の産地を訪れる外国人は、越前市のインバウンドに対する情報がない中で、自分で情報を探してきている人たちである。本当に和紙好きな人が訪ねているといってよい。その人たちは精鋭で質のいい外国人である。ものづくりは時間も要し、来られた人は少し長期的に滞在することになるであろう。また質の高い外国人は、自国に帰ってからの発信力が大きい。ヨーロッパから訪れる外国人の中には、学者や芸術家なども多い。この方向は大いなる潜在力がある。

このような質の高い外国人に関して留意すべきであろう。その人たちの流入は、他の手段では達成しない地域の重要な資源となる。ヨーロッパの博物館の先生方が訪れ、その人たちが帰国し、その後、自国で語る活動は、越前和紙の里への重大な貢献といえる。この点について次に考えてみよう。その人たちが伝えてくれる「日本」、「和紙」の世界は、とにかくそこに一度は行ってみたいという強い働きかけになるであろう。

慶応義塾大学の留学生が伝統文化を学ぶツアーに参加

手作りの町の深い体験　いまだて遊作塾

二〇〇四年、五月から六月中旬にかけて、当時の福井県知事が新しい企画として始めたソフト事業である「地域ブランド創造活動推進事業」の募集があった。通称「いまだて遊作塾」こと、「今立 古民家・匠・ロングステイプロジェクト実行委員会」は三年分の運営企画書を提出し、応募総数二十件の中からみごと選ばれた。

「古民家を移築し、博物館にするのではなく、現代の生活に沿いつつ古の知恵や技を継承し、古民家のある風景を今立に残していきたい」（杉村 二〇〇九）。そんな想いから、当フォーラムの場作りは、「今立 古民家・匠・ロングステイプロジェクト」、通称「いまだて遊作塾」を生み出したのである。

今から十五年前にも、ツーリズムの中に、これまでの自然の景勝地や寺社仏閣というマスツーリズムではないグリーンツーリズムやエコツーリズムという観光地での深い体験を可能にするツーリズムが行われるようになってきていた。しかし、ものづくり、ここでいう工芸観光（クラフトツーリズム）を軸とするような観光のあり方はほとんど皆無に等しい状況にあった。しかしこの今立の中にある歴史・伝統を生かすということでは、やはりそれをそのまま見てもらい、体験してもらうことが必要だろうという認識をそこに集まったメンバーは共有していた。

「ここにこれだけの職人集団がいるんだからできる。誰でも教えられるやろ。それがただ単に観光客をもてなすっていうんじゃなくて、むしろ教えるっていうか友だちになっていく。子供じゃなくてもいいわけです、社会の子供というか。そういう形でという、手作りという感覚で持っていくという人間が、世界の中にここから発信されていくというか。そういうようなことがあったわけね」(杉村 二〇〇九)。今立周辺の職人文化、その厚みを多くの人が感じていた。

そうした中で、何度かの実行委員の会議を通して生まれてきた言葉が、「遊作塾」というコンセプトであった。

今立は、ものづくりの町だ。そのことが、旧今立町に入る入口に書かれている。手作りを軸としたものづくりは、今日農村志向の人にとってとても重要だ。しかしあまり生真面目なものづくりでは、都会から訪れる若い人々にアピールすることができるのであろうか。都市の人たちは農村地域に来る楽しさや、くつろぎを求めているのであり、そうしたことに応えられるコンセプトが必要でもある。

そこで話し合いの末に生まれたコンセプトが、「遊作」という言葉であった。とにかく「遊びながら工芸に親しむ。遊びながら来たお客さんもこの今立の「匠」と遊んでもらう」。また「匠」もそのようなお客さんと遊ぶ中で次の越前和紙の里を考えていく。

一回目の遊作塾シンポジウム(卯立の工芸館)

匠から伝統技術を学ぶのは畏れ多い。しかしそれを承知の上で、実行委員は、地域社会の一員として匠の方々に参加してもらい、地域のために時間を割いてもらい、遊んでもらえば、そこから何かが生まれてくるのではないか、という気持ちを持っていた。

福井県立大学の授業での創作和紙体験

「今立 古民家・匠・ロングステイプロジェクト」においては、古民家に関するさまざまな技と同時に、今立の伝統とも言える和紙づくりを、プロジェクトの中心に置いていた。しかし、すでに述べてきたように、「遊作」という

遊作塾での取り組み 稲のハサ掛け

三和土（たたき）のワークショップ

囲炉裏を囲んで歓談する参加者と岩野市兵衛さん

遊作アフリカンライブの様子

コンセプトは、伝統の技を継承し保存するという次元を超えて、さまざまな側面に広がっており、農村のみならず都市の人たちのニーズを受けた、「遊び」の要素を取り入れたものに展開していった。「食」もあるし「農」もある、そして「音楽」もある。プロジェクトの中で「遊作」は多元化し、「遊作」というコンセプト自身が成熟していった。

当時の遊作塾のメンバーの中では、「子供や青年、そして第二の人生を迎えたような人が「遊作塾」に集まるとしよう。匠を囲み、その技術を体験してみる。多分そこに集まる人全てが技術の継承者になっていくわけではない。そこに人生をかけてきた人と向き合い、その精神的世界や経験を共有し、一緒に遊ぶ機会が生まれたならそこには豊かな人生が大きく膨らんでいくだろう」というようなことを考えてきた。

今日着目される着地型ツーリズムの視点は育っておらず、前述のようなコンセプトを多くの人は理解できていなかった。当時の観光は何よりもそこに集客される定量的要素で評価すべきというマスツーリズム全盛の時代であった。すでにグリーンツーリズムなどのオルタナティブツアーが広がり始めていたが、とりわけ〈工芸観光（クラフトツーリズム）〉という体験を前面に押し出すような視点は理解の外にあった。

「いまだて遊作塾」は、そのような逆風の中で、今立における内発的な地元学の流れと今日のグリーンツーリズムなどに見られる農村志向をめぐる動きが重なり合う中で展開したのであった。

こうした中で、地元の匠と都市からきた人が出会い、匠と遊ぶ、という極めてユニークな地域資源おこしの創造の場が生み出されていった。同じ地元にあるものを起点としながらも、遊作塾と認識の学としての地元学との違いは、内部から文化を再創造するという視点が強かったことだ。

多くの地元学においては次のことが強調される。すなわち、それは生活者が生活の中にいて、なかなかその枠組みから逃れられない中で、少し距離を置き内省するという事柄だ。このような視点と比較するならば、今立の地元学では、あくまでもものづくりという生活者の立場に立つところに大きな特色がある。そこでの認識を「芸術」という創造の世界とつなげて、自らの生活を認識し直し、固まった生活の澱を取り除き、新しい生活の視点を取り戻そうとするものであると言ってよい。

このような意味でジョン・ラスキンやウィリアム・モリスを出発点とするアーツ・アンド・クラフツの思想につながるものがこの地に存在する。

近代の進行する世界のただ中で、近代人は、そこで獲得された道具的世界とは異なる、機械的世界の持つあまりにもかけ離れた生産力に驚愕し、モリスの問い―「生活の芸術化」への問い―を封印したまま歩み続けてきた。モリスは、生活の芸術化を語り、芸術的な手仕事を尊重して、単能化し、機械の一部に組み込まれようとするイギリスの社会に対して、「労働の人間化」を語りかける。

「その捉え返しの作業は、そのときすでに機械の一部になりつつあった自分の「労働」を見つめ直し、生産のプロセスの中に手作りや手わざを復権しながら、芸術性のある製品を作っていくということから始まった。そのような過程は、働くものに自尊心をはぐくむ。手作りや手わざを通して、仲間同士の間に賞賛と共感が生まれ、それを可能にする技の世界の豊かさが浮かび上がってくる」（杉村 二〇〇九）。

いまだて遊作塾《ゆうさく》

福井は、全国でも古い民家（古民家）が残っており、建物としてよいものが多い。「いまだて遊作塾」の活動の母体となった、「NPO法人 森のエネルギーフォーラム」が旧今立町（現、越前市）より、地域資源地域文化調査活用事業を受託し、空家・古民家を調査した過程で、越前市岩本町に「卯立のある一軒の商家」を発見した。

「いまだて遊作塾」は、今立由来の歴史、工芸、芸術、農業、林業などの地域資源を活かして、古民家で滞在しながら学習できるワークショップ形式のプログラムを開発し、地域の人や都市市民の田舎暮らしを受け入れていくプロジェクトである。もっと分かりやすく言うと、今立に住む町民がいきいきと活動できる場を創造すること。そのことを中心に、歴史的な奥行きと人的な広がり、さらに創造という普遍性を多くの人と作り上げていこうとしているのである。いまだて遊作塾の活動を開始するにあたって何よりも1つの障壁のように思えたのは、匠の方々が我々と遊ぶということを、「うん、いいよ」という形で対応してくださるかどうか、ということであった。そうしたら、そこに参加した匠の方々が、「うん、いいよ」と言った。あまり考え込むことがないかのように。さしあたり、そのハードルは越えられたのである。

福井は古より、北東アジア（中国や朝鮮半島など）からの最先端の大陸文化の伝承地として日本の歴史文化に深く関わってきた。そして、越前市（旧今立・武生地域）には、今も当時から途絶えることなく匠の技が引き継がれており、日本を代表する越前和紙や織物、宮大工、漆器などが崇高な芸術としてだけでなく、伝統工芸として人々の生活にも深く根ざし、身近なものとなって日常に活かされているのである。近代化された産業界からも“ものづくりの伝統の技と心”に対する再評価が盛んになってきている現在、筆者らはこうした尊敬すべき技と心を関係者だけでなく、広く一般の方にも触れてもらい、ものづくりに参加し、新しい活動を興すことで“ものづくり”を次の世代に繋げていきたいと考えている。

増田頼保

日本とフランスの交流会での昼会食

ランプシェードのワークショップ

遊作ライブチラシ

越前和紙の里を芸術で彩る

ウィリアム・モリスは、生活の芸術化を語り、芸術的な手仕事を尊重して、単能化し、機械化の一部に組み込まれようとするイギリスの社会に対して、「労働の人間化」を語りかける。

このような手仕事において、人間は自分の内発的なリズムを超えて仕事を早くこなすようにせかされることなく、落ち着いて念入りにやりとげることが許された。品物一個を作るのにも一人の人間全体を投入したのであり、多くの人々の部分部分を小出しにしたのではなかった。

手仕事の場合には労働者はつまらない偏った一つの仕事だけに努力を傾けるのではなく、能力に応じて自らの知性の総体を伸ばしていくことができた。

いまだて遊作塾の一つの母体である、NPO法人 森のエネルギーフォーラムは、一般募集で集まった子どもたちに次のことを提案している。

○地域資源である越前和紙を提供し、アートセミナー講座で作品化させる。
○和紙のさまざまな可能性を高めるため、子どもたちに和紙原料、和紙製品、和紙技術などを和紙業者や福井県和紙工業協同組合に提供してもらう。
○地域の特徴を活かした作品づくりを目指してもらうため、町なかを散策してもらい作品化する。
○出来上がった作品を、「まちなか美術館」として協力してもらう民家で展示し、一般に開放する。
○展示作品を見てまわるためのマップを作り、観光施設に配布設置する。
○子どもの作品を、広報や通知などの表紙として利用してもらい、デザイン料として一部を福祉に役立てる。
○子どもたちの自由な発想を育てるプログラムを用意する。
○出来上がった作品は、子どもたちの作品があふれる町にするために、更に、十から二十軒の民家を「まちなか美術館」としてお願いし、看板を設置して開放してもらう。
○事業を協働してもらえる相手先と、十分な連絡と打ち合わせを実施する。
○日本で唯一、紙の神様を祭る岡太神社・大瀧神社を中心とした伝統ある越前和紙の里を愛してもらう。

NPO法人 森のエネルギーフォーラムは、参加者を受け入れ、地域との交渉、日程調整など中間的な役割を担い、越前和紙の歴史と文化財を説明できる人材を自治振興会に求め協力しつつ、語り部としての意識を高めてもらう。

まちなか美術館で作られた提灯の前で

こうした実践のプロセスから生まれたものに今立現代美術紙展がある。第二章でも触れたように、これは今立に河合勇という一人の画家が八石町の旧八石分校に住むようになり、住民と交流を重ねたことから展開し、この紙展の実現につながってきたものだ。

八石分校は大正九年十一月に建設され、昭和四十六年廃校となった。旧今立町の小学校では、昔から漉き絵（紙を漉くような形で絵を描いて一枚の和紙絵に仕上げる）という技法で共同作品を製作し、小学校の卒業証書は夏休み中に伝統工芸士の指導の下、生徒自身で漉くことが伝統として受け継がれている。

しかし、学校の画一的な学習プログラムに納めきれない個性を、創造する力で大いに伸ばせる可能性を高めたいと当フォーラムのメンバーは考える。学校の単純な評価には合わなくなってきた子どもたちが増えてきた。

その原因は、現実を直視していない理論重視の教育現場の管理的運営方法にあると考え、当フォーラムは、社会で活躍するトップレベルの人々を講師に招き実体験型のアートセミナーを開催し、理論と実践の差を感じないような取り組みを実施してきた。

漉き絵を作っている子どもたち

越前地域の環境実践活動や学習教育など越前和紙を通して体験することの面白さや、創造することの楽しさを体で感じ、その後の生活に活かしてもらう。このような実績をもとに、子どもたちの社会に対する信頼を取り戻せるようなプログラムを当フォーラムのメンバーが提供し、世代を超えて交流することで再び社会生活の流れに戻れるように自信をつけてもらいたいと考えていた。

杉村和彦

卯立の工芸館で個展開催中にお絵描き講座を行った

まちなか美術館　生活の芸術化

越前和紙の里では、お祭りに提灯を各家に飾って、神様をお招きすることが普通に行われている。和紙の町なのに普段でも、和紙の行灯や提灯が軒先に飾られてもいい。NPO法人森のエネルギーフォーラムは、こうしたコンセプトに基づき「まちなか美術館」の事業を2008年に開始した。

この事業の特徴は、越前和紙の里の子どもたちに和紙の原料からの紙漉き、行灯や提灯づくりを実践させて、その作品を希望するお家の玄関先に吊るしてもらうという点にある。人々は普段着のまま、軒先の作品を鑑賞するので家の中までは入らない。しかし、近年では夜に歩く事を日課にしている大人たちがいたり、作品の横に「まちなか美術館」と染めた小さな旗を吊り下げて目印にした事で、通りすがりの人が声を掛けてくれる。

こうして作品を通して話題が生まれて地域の人とのコミュニケーションが生まれていく。

増田頼保

まちなか美術館で手づくりした提灯

子供たち、学生たちに伝える和紙の文化

越前和紙の里の中には、さまざまな紙を使った教育の場が広がる。小学生、中学生、高校生、大学生が、それぞれ学校のプログラムや土日の家族との楽しみで、この町を訪れる。越前和紙の里には、あふれるような多種多様な先生がいる。おっかない昔ながらの匠の師匠もいれば、やさしいお姉さんたちもいる。子どもたちには創作和紙がたいへん人気がある。

福井県立大学の和紙体験プログラムでは、とりわけ伝統工芸士の玉村さんに、遊びの中で作る創作和紙の面白さ、その醍醐味を伝えて頂いた。「どんなふうにやってもいいんだよ」という声に、最初はとまどいを隠せないでいた学生が、やがて創作の深みに入っていく。彼らは紙の素材と向き合い、紙と遊ぶ。一緒に作っている人たちとああでない、こうでもないと言い合いながら、これは面白いという声が弾むと、それを作った学生にとって、その作品は一生の宝物といえる。

大学の授業の中で、和紙と遊ぶという内容は次第に豊かになってきた。2018年は創作和紙で音楽の世界を表現しようということになった。ジャズ、ロック、クラシック、それらは、和紙でどのように表現されるのか。福井県立大学の学生の中には、そのような出会いがきっかけとなって、伝統工芸の流通の仕事に就くことになる学生も出てきた。

杉村和彦

紙漉き指導中の玉村久さん

人間国宝 岩野市兵衛さんと玉村久さん

音楽と和紙の世界をテーマに作られた作品と福井県立大学の学生たち

〈第二節〉職人文化を活かすには　どのような観光が可能か

観光形態の変貌のなかで　浮かびあがる工芸観光

ものづくりの町を出発点とするような観光に関する重要な事柄は、観光客主義ではない方向をとることであろう。その視点では、ものづくりとしての地域を自らのアイデンティティとして、自らが選択する観光客とのつながりが重要になってくる。このような事柄の可能性は、今日の〈観光〉現象全体のマスツーリズムからの離脱という事柄とあわせて、その意味を捉える必要がある。

マスツーリズムへの批判は、大量の人びととの無秩序な流入が引き起こす、地域の解体という事柄である。その問題への着目の中から、地域の自然・文化・社会のサステナビリティが主題化され、オルタナティブあるいは環境保全的なツーリズムの必要が意識化されてきた。さらにそうした中から、今日より主題化されている事柄が、ツーリズムの対象となる行先（着地）の主体性であり、その地域活性化と結びつくツアーのあり方として着地型ツーリズムの必要性が指摘されている。

これまでの観光は、マスツーリズムと言われるような発地型観光である。それは出発地点にある発地型旅行会社が主体となって、企画・販売した旅行商品が基盤となっている。

これに対して、着地型観光は目的地である地域が主体となって企画・販売した旅行商品であるというところが決定的な違いであると言ってよいであろう。観光との関連でも地元が主体の町づくりの要素が強まり、着地型の地域の要素が増してきた。

浪漫街道プロジェクト

成願寺内で説明をうける観光客

着地型観光概念を定着・確立させたのは、尾家建生・金井万造である。尾家は着地型観光を「地域住民が主体となって観光資源を発掘、プログラム化し、旅行商品としてマーケットへ発信・集客を行う観光事業への一連の取り組み」としている。(米田 二〇一五)

紙祖神 岡太神社・大瀧神社境内にて

着地型の観光が伸びてきた背景には次のようなことが考えられる。

一つは消費者の観光ニーズが高いものになって、多様で高い質が求められてきていることであろう。このようなニーズを達成するためには、向かうべき地域社会(着地)の主体的な対応がなければ実現しない。

もう一つは、急速にインターネットが進歩・普及し、それぞれの観光客が自ら旅行を設計できるようになってきたことである。また交通手段の多様化と個人化も、マスツーリズムのあり方とは異なる形で、着地型観光の個性的な観光を後押ししてきた。

着地型観光は従来の発地型の観光の「見て、学ぶ」旅行に比べて、住民とのコミュニケーション次第でさまざまな体験が可能となる点に大きな魅力がある。その中で、観光客を受け入れる地域(着地)側も、その地域の持つ歴史や文化、自然などの観光資源を活かして観光客を呼び込むものである。

こういった中で興味深いことは、これまでマスツーリズムの代名詞ともいえるようなＪＴＢが、これからの観光の動きを考え、着地型の観光にも乗り出し、さまざまな調査活動などを行っていることである。これからの観光が、インターネットなどの社会の末端まで普及する中で、より個性化していき、その一つの中心が着地型の観光であろうという考え方を持っている。

現代化された観光現象の中では、ツーリストがどこからどのようなルートで、またその後どこへ行くかは予想できず、逆に言うとそのような個性化されたスケジュール設定の中で最大の満足を作り出していく。

一方、こうしたマスツーリズムの終焉とも言えるような現代の観光の置かれた状況は、ものづくりをベースとするような観光、なかでも工芸観光（クラフトツーリズム）とも言われるものの位置を大きく変化させてきている。これまでのマスツーリズムは、自然の景勝地や寺社仏閣というところが多かったが、そのようなマスが持つ環境破壊的な要因から、オルタナティブツアーへの転換が求められており、サスティナブル志向が著しく高まってきた。なかでも着地型ツーリズムと言われるツアーの形では、そこに地域の人たちとの関わりが増大してきた。

その中で日本のツアーの中でも住民の参加型が大きくなってきている。そして「観る」というだけのツーリズムに対して、それに触れ、関わり、体験するということが求められており、今後、そのようなアイテムがむしろより高いニーズとなってくる可能性がある。すでに述べたような観光に関わるニーズの変化の中で、着地型観光の核に

人間国宝 岩野市兵衛さんの自宅で奉書紙の説明をうける観光客

宮大工直井光男さんから大瀧神社本殿の桧皮葺（ひわだぶき）の説明をうける

岡本地区自治振興会文化部が企画した浪漫街道

なるような工芸観光は、大きな可能性を持つものとも言え、JTBなども新潟の燕三条などの調査研究を行っている。

日本で唯一の「墨流し」の伝統工芸士福田忠雄さんに手ほどきをうける

和紙の里で始まった地元学 浪漫街道《ろまん》

越前市の岡本地区自治振興会文化部で始まった、「浪漫街道」という取り組みが6年前から続いている。意外と地域の人間が、その地域のことを知らないのではないかと始められた。

岡本地区は、越前和紙の里の五箇（不老、大滝、岩本、新在家、定友）と月尾地区（杉尾、轟井、島、長五、大平、八石、中印、別印、南坂下）に分かれている。取組みの初めての年は、周知するにもイメージがつかめず、参加者は多くなかった。ところが大滝、岩本となってようやく人気が生まれてきた。毎回、20人を超える盛況振りで、最後に岡本公民館で参加者と昼食をとる。

この地域には、神社･仏閣など点在しているがもう少し踏み込んで、氏子以外の人でも神社にお参りするし、檀家以外の人もお寺を巡って寺宝や色んなお話を聞くことはとっても素敵なことだ。主に、スポットとなるところは民家訪問である。

どれも、文化財級の建物がたくさんあって来歴にも驚く。特に前ページ下の写真のような、この地域独特の「妻入り卯立」という建築物は、全国的にもこの地域だけである。

増田頼保

浪漫街道で妻入り卯立の家を説明する吉田さん

雁皮のチリ選りをする職人

越前生漉鳥の子紙保存会の研究会にて
鳥の子紙を漉く様子

ものづくりの町の見せ方

職人魂

ものづくりの町をいかに見せるか。これは結構難しい問題でもある。ものづくりの町にはまったく素人という人から、自らも相当腕を持ち、その工芸に高い知識を持っている人たちもくる。越前和紙の里にも、当然このような二つのタイプが流入してきている。今のところむしろほとんどは発地型のマスツーリズムだと言えるかもしれない。

「アマチュアのときには、この刃物はこうやって打つと言ってもそのようなこと聞きたくないと言う。一番よくあるのが学校上がりの先生の歴史の解説ではないか。例えば織田信長とか徳川家康だったら少し興味ある。しかしある匠のその弟子の弟子の弟子みたいな人がその地域ではヒーローかもしれないが、訪問者は別にその人の生い立ちにそれほど関心がない」と吉兼教授は指摘する。

一方で「越前和紙の里」を訪れ、ぶらりとその町を歩き、できればその中で和紙の職人の世界とじっくりと触れ合いたいという、いわば玄人さんの質が高い人も来訪する。そのような玄人が来た時には職人に対応してもらわないと訪問者は満足できない。このものづくりの深い世界を誰がどのような形で説明するかという問題もある。

たとえば越前和紙の世界でも和紙の世界を説明し、実演も見られるような卯立の工芸館がある。その中で和紙の紹介者としてその前線に立ち、仕事を行っているのが村田菜穂さんである。小形さんはその村田さんから話を聞いた。そして小形さんは次のように話していた。

　村田さんに、職人の気概を教わる機会がある。あるとき、驚嘆したことがあった。村田さんは最初から、卯立の工芸館で観光客向けに紙を漉いていたわけではない。彼女は、もともと大滝地区にあった工房で越前和紙を漉いていた職人である。少しでもいい越前和紙を漉くために努力を重ねてきたのが彼女である。彼女は言う。

「私が大滝地区の工房にいた頃はそこに一般の人が視察のために来られると、その対応をするために、職人として手を止めないといけなかった。そのことは複雑な気持ちにさせる」と。

　職人魂と遠くから来た人に丁寧に対応して観光も広げたいという気持ちがぶつかる。

　越前和紙の里には宝みたいな人がたくさんいる。越前和紙の里で仕事をする伝統工芸の人たちというのは、それを通して自己実現させていく。この仕事が好きで仕方ないから、要するに来訪者が来ても、自分の仕事の時間を奪わないでほしいというようなところがあるとも言える。そこにあるものは、仕事に対する単なる情熱というよりは、ものづくりが自分自身を映し出すもの、自分のアイデンティティになっている。それはやはり日本の中で数少ない仕事の一つであろう。そこにいる人たちはものづくりの町に暮らす自分たちに誇りを感じている。その気持ちが、村田さんの「外から来た人に手をとめられたくない」という気持ちと重なっていく。

越前和紙の説明する村田菜穂さん

観光客に楮原料の説明をする様子

小形さんは、さらに興味深いことを話した。それは、職人が語る職人の世界の迫力ということについてである。つまり、このような職人魂を持ち、それを心の奥深く持っている人の志は、やはり世間の人に大きな感動を持って受け止められるということである。

実は観光協会は商談会に行っている。商談会では、観光客を外から呼び込みたい自治体と旅行エージェントが一堂に会する。各自治体の職員が自分の町のセールスマンになって「越前市に来てください」「鯖江市に来てください」と売り込みを行う。当時初めて、越前和紙の里から職人が参加された。それが卯立の工芸館の村田さんであった。村田さんは商談会に参加したことがなかったので、「小形さん、どうしたらいいのか教えてほしい」とオファーがあり、説明の機会をもった。

その後、村田さんは商談会に初参加する。スーツ姿の人ばかりの会場にただ一人、紙漉きの仕事着を着て彼女は現れた。彼女の想いはそこに来た人に伝わっていくのである。

結果として大手旅行会社のツアー企画がされ、職人が商談会に参加すると、インパクトはこれまでとは全然違うことを経験した。

手仕事のまち歩きで和紙産地を歩く企画があった。たまたま建築業界に勤める建築士の方が三名お客さんでいた。参加の理由は何かと尋ねた。「私たち建築業界に関わっていても、越前和紙のことを全然知らず、和紙のことを詳しく知りたいと思って来た」との答えが返ってきた。実はその三人の建築士は、まち歩きが終わってからのアンケートに応じた。「これからももっと越前和紙のことを知りたい」と。

杉村和彦

越前和紙の里 卯立の工芸館

村田《むらた》 菜穂《なほ》さん

村田さんは、大学卒業以来、和紙との関わりが深い。村田さんが、紙漉き職人になった大きな理由は、「紙の衣を着ることにある」。村田さんは当時、越前和紙の里の梅田太士さんという非常に厳格な紙漉き人生一筋という職人に弟子入りしていた。梅田さんの一番得意とする和紙は雁皮紙である。その和紙は非常に綺麗なピカピカとした卵色の光沢があって、これに色を重ねるとその色が飛び出すような勢いで発光し、ちり一つないものであった。

梅田さんは強い探求心を持っていたが村田さんもそれに応えて、梅田さんの指導よく立派な紙漉き職人になった。現在は、卯立の工芸館で主役的存在である。

細川紙・本美濃紙・石州和紙が日本の和紙技術として世界遺産に登録されたが、越前和紙はそれに入らなかった。その中で越前和紙の里に越前生漉鳥の子紙保存会が誕生した。福井県和紙工業協同組合の石川理事長を始め、この地域の職人が一丸となって活動をはじめた。村田さんも大切な雁皮漉き職人として成長してきた。

越前和紙は、世界遺産登録の有力な候補であり、村田さんは職人として京都から移住してきた人の一人だが、その登録のための仕事を中心的に担って、活躍している。

増田頼保

伝統工芸士の村田菜穂さん

村田さんが師事した故・梅田太士

和紙の里通り

「紙の文化博物館」から中間に「卯立の工芸館」をはさみ、「パピルス館」までの約200メートルの通りを「和紙の里通り」と呼んでいる。越前和紙の里の玄関口として、道に沿ってのせせらぎと、並木を有する遊歩道である。これらの3館は、越前和紙の文化と歴史を学び、伝統工芸士の技を間近で見学し、実際に紙漉きを体験する複合施設として機能している。和紙の里通りと3館の始まりは、武岡軽便鉄道（福武電鉄南越線）と越前産紙奨励館に遡る。

和紙の里通りは、この南越線岡本新駅の跡地に作られた。五箇地区を含む旧岡本村と武生を結ぶ動脈であり、往時には岡本新駅はその出発点として賑わいを見せていた。1934（昭和9）年、岡本新駅の東側、今の紙の文化博物館の位置に越前産紙奨励館が建てられた。当時の越前産紙卸商業組合が業界振興事業として建設したものである。その後、和紙の里会館、紙の文化博物館と名称を変え、今に至っている。

南越線は1981（昭和56）年3月に全線廃線となり、翌1982（昭和57）年、農業特産物研修センターとして開設されたのが現在のパピルス館である。現在は和紙の里を訪れる人々と和紙文化の接点として、体験の機能を担っている。1990（平成2）年には和紙の里通りが現在の姿に整備され、1997（平成9）年には卯立の工芸館が、五箇の内の定友地区より移築された。

紙漉きの旧家「西野平右衛門」の住居兼工房であったもので、約270年前に建てられた福井県の伝統的建造物である。卯立の工芸館の名称の通り、卯立を立ち上げた堂々たる紙漉き家屋で、資料を元に復元した紙漉き道具を用いて、伝統工芸士が紙を漉く様子を見学することができる。

1998（平成10）年正月、伝統工芸士らが集い、卯立の工芸館の紙漉き場に祀った紙祖神川上御前の神棚の前で、古式をしのび漉き初めの式が行われた。以来1月5日、越前和紙関係者が集い、福井県和紙工業協同組合が主催しての漉き初め式が行われている。卯立の工芸館のこの漉き初め式をもって、越前和紙の里の新しい1年が始まるのである。

中川智絵

紙の文化博物館

和紙の里通り

〈第三節〉和紙文化を支える観光を求めて

エンドユーザーを掘り起こす

観光の着地点としての越前和紙の里の視点からみれば、やはりこの観光という現象を通して作るものが、もう少し確実に売れるということがあってほしいと考えている。そして今日、和紙については、これまでとは違った購買者からのニーズもあって、それをこの〈観光〉ということを契機として捉え、地域の主体として新しい流通が生まれてくることが期待されている。

伝統工芸をどのように多くの消費者の手にとってもらえるようにするか。そのような試みとして、二〇一五年から RENEW というイベントがあり、越前市でも新しい伝統工芸ブームを巻き起こしている。

このような動き(RENEW)でも、来訪者は工房開放が行われ楽しいが工房側にとって利点が見出せないならば工房開放を続ける意味がない。そういう地域の声もある。村田さんは、「旅行会社に売り込みに行けるなら、最終的に紙を使ってくれるエンドユーザーを呼びたい。例えば建築業協会、建築会社、研修旅行が想定される」とも語る。観光協会の小形さんは同様に「そういう研修旅行の旅行先に越前和紙の産地に来てもらえば、その人たちは最終的に越前和紙を壁紙とか建築資材で使ってくれるかもしれない、彼らはエンドユーザーになるかもしれない人たちである。観光目的でよいからそういう人たちに来て欲しいって村田さんから言われた。そういう考え方を持った経験がない」と話す。

村田さんはものづくりを支える観光を中心に考える。ゆえに、観光現象が流通の強化に役立つためには、何が必要かということが常に頭をかすめる。その際現代の中で重要な点は、消費のニーズの急速な変動であり実際どのようなものが当たるかは誰も予想ができないところにある。

越前和紙だけでなく、漆や陶器、打刃物においてもさまざまな意匠が工夫されている。現代はアニメの時代であり、和紙の国宝と言ってもそういうニーズからまったく無縁というわけにはいかない。そうした揺れ動く消費者と対峙しながらものづくりをしていく現在の越前和紙の里がある。

村田さんはさらに続けて、「ものづくりの方は、私たちもいかにして見せていけばよいのか難しい。正直、私たちがなぜ難しいかと言うと、私たちが最終的なエンドユーザーを最近見失いかけているから難しい。売れないから難しい」と指摘していた。

そのような状況の中で地域としてもいろいろな試みがなされている。これまでになかった動きとして青年部の動きがある。青年部メンバーからは次のような話を聞いた。

「結構青年部は、他のところの展示会に出た人が、そこで出会った人を連れてくるようにしたりしている。自分の工房だけを見せるのではなく、きてくれた人には青年部の全員の工房を見てもらう、という流れを作りかけている」。かつては閉じた技の世界の中に開放的な動きが生まれてきている。

エンドユーザーというよりも購買層が誰であるかというような視点もある。そして幅の広い新しいエンドユーザーを捉えたいと地域の人たちは考えている。

村田さんは「まち歩きを積極的に売り込んで、最初から見にきてもらうのは越前和紙のエンドユーザーの方にきてもらえればいい。たとえ、エンドユーザーでなくとも研修旅行でもよい。業界団体の視察ツアーと、越前和紙のまち歩きをうまくマッチングさせることができれば、もう少し効果が見込める」と考えている。

さらに重要な点は、エンドユーザーとなりうる人が、和紙文化の担い手にもなり、そして地域社会との強いつながりを持つに至ることである。観光現象の中にもリピーターとして応援団といえる地域社会との間で分かり合える客層が生まれてくることが必要である。

このことこそ着地型のツアーとの親和性の高い工芸観光には求められているといってよいであろう。

越前和紙を使用した京都リッツカールトンホテル
（株）杉原商店提供

あいぱーく今立（越前市今立総合支所）
エントランス天井の和紙オブジェ

RENEW《リニュー》

RENEWはオープンファクトリー&マーケットをコンセプトとした産業観光イベントであり、2015年に河和田地区ではじまった。「持続可能な産地を作る」という目標をかかげ、若者を次世代のものづくりの担い手として呼び込むという狙いもある。RENEWの期間中は、各企業が工場（工房）を一般の方に開放し、普段は見ることができない内部を職人が案内する。2017年から、開催エリアが広がり、越前和紙の産地でも工場（工房）見学が行われた。2018年は10月19日～21日までRENEWが開催され、多くの来場者をみた。

長田製紙所には、RENEW開催期間の3日間で、延べ300人以上が訪れ、他の企業にもまんべんなくお客さんが来ていたことも、2018年のRENEWの良かった点の1つ。開催中に感じたことは、攻めの姿勢でお客さんに自分たちの製品・仕事を見せることの難しさだ。各企業にとって、顧客の定義は異なるかもしれないが、興味を持ってもらえるものを作ることができているのか、見せ方はこのままでよいのか、ということを突き詰めていかないとと痛感する。もちろん、顧客に和紙を知ってもらい、楽しんでもらう必要がある。しかしそれだけではなく、この先、どのように和紙産地として生き残っていくかという問いを顧客と一緒に共有していける機会を持ちたい。

越前和紙の産地はその歴史性及び日本一の和紙の生産量と和紙の種類を誇る。岡太神社・大瀧神社と、たくさんの和紙の工場（工房）を一気に見て頂けるRENEWのイベントは、ものづくりを最もわかりやすく、一連の流れで見せることができる、絶好の機会だと考えている。自分たちのものづくりを進化させ、産地に新しいものを生み出していければと思う。

長田　泉

RENEW会場風景

親戚券
和紙文化を支える共同体のために

観光の中にリピーターを確立する。観光におけるこの重要なファクターを主題化し、着地型ツーリズムのくさわけとして成功してきた事例がある。その地域の中に、取り立てて目立った観光資源がない中で、ツアー客と地域社会の深い関係を作り上げてきた九州・大分の安心院である。

安心院はただひたすらと言っていいほど、〈人をつなぐ観光〉を主題化し、リピーターの質を高めてきた。日本のグリーンツーリズムには、東西横綱と目される事業がある。東は岩手県遠野、西は大分県安心院である。西の横綱安心院のグリーンツーリズムは、農村民泊をその中心にすえている。

いまだて遊作塾のメンバーで総合地球環境学研究所のプロジェクト研究員を務めた石山俊さんによると安心院のグリーンツーリズムを全国的なものに押し上げているものはリピーター客の厚みである。それを生み出している仕掛けとは、「親戚券」の発行である。

「親戚券」とは、裏側に十個のスタンプ押印欄を印刷した名刺大のカードである。農泊に来た人は一晩の宿泊ごとに一つのスタンプを押してもらう。宿泊者と受け入れ者をはかる指標として使われるのは、「遠い親戚」「近い親戚」という概念である。疑似親戚関係を魅力的なものにしているのは、地域での親密な人間関係なのであろう。

修学旅行で農泊を体験した生徒の感想文の中には、「おばちゃんとお兄さん親子の信頼関係、とてもうらやましい」「安心院は近所の人が家族のようにに仲がよくてうらやましかった」「非常にいい環境の安心院は、周りの人々がとても暖かく、道を歩いていると挨拶したりして、素晴らしい町だと感じた。なかでも小学校の子どもたちはこちらから話しかけてもフレンドリーで印象深かった」。といった人間の触れ合いを評価する声が多かった。

ここに初めてきた宿泊人は、一つ目のスタンプを押してもらう。そうすると「遠い親戚」として受け入れ、疑似親戚関係が始まるのである。そして宿泊回数が増えるごとに、つまり親戚券にスタンプが増えるにつれ、「本物」の親戚に近づいていく、という仕組みである。

「卓越した仕掛けをつくり、深い知恵を持った人が来る。その人たちがうまくここの応援団になってもらえればいい」。安心院のメンバーはこのように言っていた。さらに石山さんの話によると「そうして東京から来る人、何十万も出して一日で帰って行く。東京からの訪問客は、さまざまの職業をもつ人たちで知恵を持っている」とその強いつながりを指摘する。

このような応援団づくりの視点を越前和紙の里に重ねてみたらどうだろうか。やり方によっては安心院のような一般的な農村地域でも都市の人に強い応援団をつくることができる。ましてや、越前和紙には、広いファン層がいる。

そういう人が、和紙文化の中心ということで越前和紙の里に訪ねてくると、その応援団には大きな意味が生まれる。和紙の専門家から現場の視点に基づく講義が聞けるということにもなる。だから多様な仕方があると思うけれども、観光にくる人を自分たちの資源と考えられるかどうかということが重要である。このような応援団は、まさに〈越前和紙の文化〉を支える共同体と言えるようなものである。

〈越前和紙の文化〉を支えるということは何を意味するのか。小さな手仕事の世界がそこにある。それは小さな世界に違いないが、日本の文化の一つの核心を作ってきた。その文化をめぐって、時代の要請も受け留めながら、自らの意味をもう一度捉え直し、その潜在力を可視化していかなければならない。

その共同体の中でその親戚に認定されれば、越前和紙の里を訪ね、その家族と遊ぶとともに、同時に和紙の文化を支え、次の時代に伝える役割の一部を引き受けることになる。着地型の観光の先頭を走る、越前和紙の里とその応援団からなる新しい観光の形がここから発信できるのである。

安心院の農村民泊で楽しいひとときを過ごす

手仕事の文化を伝える工芸観光の現代的意義

われわれの研究会に参加してくださった文化資本研究の第一人者である池上惇京都大学・福井県立大学名誉教授は次のように指摘した。

「例えば職人が体得したものを、人間が知識を外側から注ぎ込んでも覚えることはできない。手仕事をこなしながら体験を通じて身につける。その知識は体得された知識と言い、普通の知識とは違う。職人が身につけたものとは何かというふうに考える。しかもその職人の口は最初、満足のいくものではない。でも実際話し出したら止まらない。止まらないということはつまり自分の身について体得したものを表現される瞬間である。

それを引き出すことにいかに価値があるか。ということは一人ひとりの中に体得された非常に高い価値のあるものがある。

これを研究していると非常に興味深い。それぞれの手仕事の職人の技にもあり、普通の職をいくつも変わりながら身につけた知識もある。それらは相乗されて大きな力になる」と。

岩野市兵衛さんの自宅で和紙づくりの話を聞く

二十世紀の最大の思想家の一人であり、文化人類学の発展に大きく貢献したフランスのレヴィ＝ストロースは、晩年日本の伝統工芸の世界に大変な関心をもった。彼の関心の背景にあったものは、ヨーロッパの〈労働〉という言葉に還元できない、日本の仕事、と

タンス職人 上坂親方の話が止まらない

りわけ手仕事の世界の豊かさであった。〈労働〉という言葉に刻まれた苦痛という視点ではなく、働く喜び、仕事を通して成長する人間のありようを、〈労働〉と〈生産〉のパラダイムの中から逃れられない、ヨーロッパ文明の行き詰まりを超える世界として取り出そうとしていた。

紙漉きというなりわいの中に、神が宿るというところまでその検討は及んでいない。しかし第二章で見たように、西欧の現代と和紙の世界とのつながりは、そうした日本文化が有する手仕事の世界の中にある精神性を浮かび上がらせ、現代のパラダイムを超える視圏を与える可能性もある。

レヴィ=ストロース

レヴィ=ストロース（1908–2009）は、フランスの社会人類学者、民族学者。コレージュ・ド・フランスの社会人類学講座を1984年まで担当し、アメリカ先住民の神話研究を中心に研究を行い、構造主義人類学で20世紀の思想界に大きな影響を与えた。晩年のレヴィ=ストロースは、日本の伝統工芸にたいへん関心を持ち、日本を何度も訪問し、北陸などの職人たちの世界を歩いた。

彼の日本でのフィールドワークは、「構造・神話・労働」などの中に書かれている。大橋保夫さんは、この本の中で、来日したレヴィ=ストロースの労働表象に関する提案に対して行った座談会のまとめとして、「フランス語のTravailはもともと拷問具を意味する俗ラテン語の単語から来ている。古い使い方では、『苦痛、辛労』であって、とくに『産みの苦しみ』を指すこともある。これらの使い方は英語にも入っている。現在は『労働』、『仕事』、『勉強』という範囲をカバーするが、やはりそれらはすべて『つらいこと』なのである」。

碩学が意図したものは、西洋の労働概念と日本の職人たちの仕事、技の世界にある大きな差異である。西洋の労働は無機的な生命のないものに対する働きかけという側面があるとしたら、日本の働くということの中には人間と自然の間にある親密な関係の具体化というようなことが考えられるという視点を出している。このような視点は、和紙を生きたものと考え、和紙の製作の過程の中に「神」を見出すような越前和紙の世界のもっとも核心の視角を捉え直す見方をあたえるのかもしれない。

杉村和彦

そして池上名誉教授は次のようにも語る。

「たとえば人口が減少しているからこの土地はもうすぐ消滅してしまうという記述をよく目にする。私の目から見るとそれは絶対にない。いくら人口が減っても、その土地の職人の持っている文化資本は非常に質が高い。そして魅力がある。だから私は越前の和紙も打刃物もタンスも同じだと思う。

その魅力がある意味でそこへきてそれに触れると自分自身が持っている文化資本をもっと強めたいという気持ちになると私は思う。特にヨーロッパの人たちは非常にこの手仕事の現場を訪ねたがる。彼らが京都へ来たら次は真っ先に伊勢に行く。こんな素晴らしいところは世界中探してもどこにもない。こんな素晴らしいことができる国民というのは日本人だけと賞賛するのは、たいていヨーロッパの人である。やはりヨーロッパ人はかなり高い教育水準を持っていて、手仕事のよさがわかる。そういう意味で日本人はあまり評価しなくても、ヨーロッパの人々が評価するのは結構存在する。

だからどうすれば持続できるかというのを考えた時に、結局後継者がいないという問題を各地は必ず抱えている。越前市は後継者を欠く地域と違うかもしれない。もしも違えば越前の職人たちはたいへん後継者を育てるという点で評価できると思う。次世代を養成する組織も作られようとしている以上、越前市は卓越した土地と思う。そういう意味で、継承者を確保するという目で地域を見るべきだと私は思う」。

人間は手仕事をするサルとして、その生活の中に文化を紡ぎ出してきた。手仕事は日々の生活の中で、人間に夢を与える。それに対して近代化の中では人間は労働するサルという視点から機械化が生まれていった。その中では、人間が生活の根源に有していた手作業をする喜び、またそれを通して成長するという人間の欲求がいつの間にか忘れられていった。ものづくりは決して苦しい義務ではなく、ものを作り出す喜びではなかったかという考え方が池上教授の話を聞きながら頭をよぎってきた。

越前和紙の里に急速に流入してきた〈観光〉という現象を逆につかみ直して、まさにこの〈手仕事〉の文化の復権という二十一世紀に開き直すべき作業の意味を引き受け、その作業のもつ意味を世界に発信していってほしい。そういう文化が醸成されていけば、この越前和紙の里は、和紙文化の世界のプラットフォームになり、多くの若者がこの地に戻り、二十一世紀の「共生」の時代を切り開いて行くことができるのではないだろうか。

杉村和彦

参考文献

第3章

池上甲一［1998］「第5章 地域の農林漁業を組み直すーグリーンツーリズムへの対応とその効果」21ふるさと京都塾編『人と地域をいかすグリーンツーリズム』学芸出版社.

池上 惇［1993］『生活の芸術化－ラスキン、モリスと現代』.

池上 惇［1996］『情報社会の文化経済学』丸善.

池上 惇［2017］『文化資本論入門』京都大学出版会.

石山 俊［2009］「第6章4節 都市－農村交流の形と「田舎学」－いまだて遊作塾と安心院グリーンツーリズム研究会の間」杉村和彦編『21世紀の田舎学－遊ぶことと作ること』世界思想社.

小長谷一之・竹田義則［2011］「観光まち作りにおける新しい概念・観光要素 / リーダーモデルについて」大阪観光大学観光学研究所年報『観光研究論集』第10号.

宮崎 猛編［1997］『グリーンツーリズムと日本の農村－環境保全による村づくり』農林統計協会.

持田紀治［1997］「グリーン・ツーリズムの課題と展望」『農林業問題研究』第128号（第33巻第3号）.

持田紀治［1997］「農村型リゾートによる都市農村の交流に関する考察」『農村生活研究』第37巻第3号.

米田 晶［2015］「着地型観光研究の現状と課題」『経営戦略Vol.9』.

スミス・バレーン・L編［1992］『観光・リゾート開発の人類学―ホスト＆ゲスト論で診る地域文化の対話』（三村浩史監訳）勁草書房.

渡植彦太郎［1987］『技術が労働をこわす－技能地の復権』.

杉村和彦編［2009］『21世紀の田舎学－遊ぶことと作ること』世界思想社.

吉本哲郎［2001］「風に聞け、土に聞け」『地域から変わる日本 地元学とは何か』現代農業 5月増刊号.

『田園工芸 豊かな手仕事の創造』現代農業 11月増刊号46号［1999］.

『地域から変わる日本 地元学とは何か』現代農業 5月増刊号53号［2001］.

『脱グローバリゼーション「手づくり自治」で地域再生』現代農業 11月増刊号78号［2007］.

第四章 創造知の集積のかたち

神と紙の里の未来の構築のために

杉村和彦・池上　惇・山崎茂雄・増田頼保

あったが、現代の時代状況に照らしても一つの卓抜な視点を伺うことができる。それを行おうとしたのは、第一章で、紹介した地域の中で、「匠を育てる匠」というような仕事をしてきた石川製紙株式会社会長の石川満夫さんである。その石川さんから「工芸の里」のことについて、インタビューした。

〈第一節〉越前和紙の里の未来への構想　工芸の里構想から四十年

越前和紙の里は、日本の和紙の生産地の中でも、もっとも古い伝統を有し、多様で厚い職人層に支えられている。この地域は、第一章の歴史的展開のなかで見たように、幾多の和紙事業の危機の状況を地域社会の英知で潜り抜けてきた。時代を読み、伝統を自ら射直す先進性を有してきた。一九六〇年の後半からの高度経済成長の大きな変容の中でも、越前和紙の里の人たちは、時代を読み、次の世紀にもつながるような地域の構想を提示しようという試みがあった。

それはまさに情報化社会やグローバリゼーションの先駆けとも言われるような時代の状況の中での構想で

石川製紙株式会社 会長 石川満夫さん

その中では、この地域、そして和紙を愛するがゆえに、その思いがあふれ出してきた。昼の一時から次の日の朝五時まで、石川さんの話はとどまることなく、彼が描こうとしてきた越前和紙の里の未来に向けての構想が語られた。

石川さんは、この越前和紙の里でも飛び抜けた教養人であり、和紙の歴史や文化についても類まれな知識を有している。石川さんは地域の誰よりも歴史を智慧し、著書『神と紙の郷』などの名著を著している。また石川さんは地域の誰よりも広いパースペクティブを持つ。そういう該博な視点から石川さんが語り始めたら地域の若者では歯が立たない。あふれるような思いゆえに、話はしばしば拡散し始めて、聞く者にはなかなかついていけない場面もあったが、しかしその考え抜かれた構想と思いは、傾聴に値するものであった。

石川さんが考えようとしていたことは、さまざまな情報の集積の場としての交流拠点である。石川さんは三つのレベルでの交流を挙げている。一つは、世界から入ってくる新しい、同時に異質な文化的情報といってよいであろう。もう一つは、国内のさまざまなところからの情報、そしてもう一つは、地域内部の異質な業種間の情報の集積というものがあったが、このような中で、今日とりわけ大きく拡大し始めているのは、世界とのつながりであろう。グローバリゼーションは動かしようのないものとして進展し、それとの関係で対応が迫られている。それは越前和紙の里の世界大に広がったエンドユーザーのつながりもあれば、新たなデザインなどの情報の流入もある。

いまだて遊作塾のまち歩きで
大瀧神社を案内する石川さん

ショッピングモール武生楽市で
展示されている越前和紙

イギリスから来日し、輪島での滞在が三十年近くになるスザーン・ロスさんがわれわれの「匠の里」研究会に駆けつけてくれた。そしてそのなかで、二〇一八年に彼女が訪れたロンドンのジャパンハウスの展示について語った。

　第二章で詳細に説明したアメリカでの日本の和紙ブームだけでなく、ロンドンでも日本の工芸への高い評価が認められる。またデザイナーの越智和子さんも上述の研究会に参加し、日本の伝統工芸を世界のステージに立たせる方法について、独自の経験を交えて示唆に富む意見を述べた。それは、これまでの伝統的な技術を駆使して〈二十一世紀の生活スタイルを楽しむ作品〉の発表の場を大阪や東京の有名な百貨店やヨーロッパの中で、整えるというものであった。

　そこでは、彼女は作家の作品にふさわしいステージで作品が展示できるような大胆な工夫を試みる。彼女のように、素材の作り手と工芸品の作り手とをつなぎとめ、伝統的な技法を基礎としながらも、現代的ライフスタイルにふさわしい作品を生み出すように仕向け、同時に市場に向けての作品の発表の「場」を作る、そうしたプロデューサー的役割を担う人材への需要は多い。

越智和子さんのプロデュースする作品

スザーンさんの作品には、漆に貝殻などを組み合わせた斬新なものが多い

スザーンさんの和紙に漆の絵画作品

伝統工芸を世界にプロデュースする

越智和子さんが、彼女が遠野などでここ数年取り組んできたのは、これまでの伝統的な技術を駆使して21世紀の生活スタイルを楽しむ作品の発表の場を整えるというものであった。彼女は作家の作品にふさわしいステージで作品展示できるような大胆な工夫を試みる。越智さんのように、素材の作り手と工芸品の作り手とをつなぎとめ、伝統的な技法を基礎としながらも、現代的ライフスタイルにふさわしい作品を生み出すように仕向け、同時に市場に向けての作品の発表の「場」を作る、そうしたプロデューサー的役割を担う人材への需要は高い。

世界の動向に目を向けると、日本の伝統工芸品は海外で評価されていることに気がつくであろう。自然素材の経年変化を楽しみ、ものを大切に扱いながら、自らのライフスタイルを見つめる、そう考える外国人も少なくない。それらの素材として、伝統工芸品は衆目を集める。実際、訪日外国人の一部が日本の伝統工芸の価値を再評価し、その魅力を自国に届け始めているのが最近の特徴なのである。

すなわち、最近の特徴として、❶〈21世紀の生活スタイルを楽しむ作品〉の開発が業態の垣根を超えて進められている、❷そうした作品を使い手に知ってもらう「場」が作られつつある、❸公表の「場」を設け、人と人をつなぐプロデューサー的人材の活躍の芽が見出される、❹グローバルな市場に接近し、需要を取り込む機会が増えてきている点があげられよう。

21世紀においては、人々の暮らしぶりが変わり自然の素材に親しむ人々が増えている。それとともに国内外を問わず、経年変化に耐える和紙の持つ強さと柔らかさに親しみを感じる人たちは多い。ところがその一方で、和紙の使い方を伝える人間が減り、若い世代ほどその良さに触れる機会が少ない。

こうしてみると、いま和紙産地の事業者に求められるもの、それはグローバルな市場を見据えた情報交流拠点であり、現代的生活スタイル提案ができるプロデューサー的人材の育成、新しい生活スタイルを楽しむ製品を広く知らしめる人材の育成ということができよう。

山崎茂雄

沖縄県産の芭蕉布による工芸品

アーティスト　スザーン・ロス

スザーンさんは、輪島塗を専門にする輪島在住のイギリス人アーティストである。彼女が34年前美術学生だったころ、イギリスの有名な美術館で日本画の屏風と硯箱を観たときから、その奥深い漆黒や、余白のバランスや金とか螺鈿などがとても美しいと感動したという。そして、彼女は時を移さず漆塗りをしようと日本までやってきた。

スザーンさんは、伝統工芸に惹かれた理由をこう語っている。「まずは美しい。作品を創作してみると、とてもおもしろい。でも、難しい。まるで玉ねぎの皮を剥くように、次第に自分の関心事は奥深くなってきた」と。

輪島漆塗りの最高の技術を習うために、漆芸研究所の門を彼女は叩いた。彼女のみるところ、伝統工芸がその伝統を保つために頑なになっているようであるが、みずからは今の時代に合ったものづくりのために自分の形を求めていく。漆器には伝統的な使い方があるが、彼女はそれを自分なりにアレンジする「遊び心」を活かせるような方法を見つける。そのために、伝統の技術を駆使しながらもオリジナルなデザインを作ってきた、とスザーンさんは語る。例えば、彼女はレース編みの布や和紙や貝殻などを組み合わせながら、アクセサリーや透ける器や張り抜きした立体的な和紙に漆を塗ってきた。近年では、器と同時に絵画化した作品や身に着けるものなど色々なものに彼女はチャレンジしている。それは、evolution（進化）しなければ、伝統的なものを繰り返しているだけでは需要が失われてしまうとの思いからである。

そこで、スザーンさんは、あるチャレンジを試みる。すなわち、彼女の母国、イギリスやアメリカで自分の作品を売り込むために自らが出かけて行く。そこで彼女が実感したのは、自分のファンを見つけて日本に来てもらうことで、感じる、食する、体験するといった形で日本の最も奥深いものを魅せることが一番だということであった。

イギリスの展示会にて

匠の里研究会でスザーンさんは、和紙の文化の世界への広がりについて語っている。それによれば、ロンドン中心にジャパンハウスという、日本の文化を紹介する場所がある。彼女はそこでさまざまな壁にぶつかった。まず、自ら創作した大きな宝石と蒔絵のコラボレーションに、訪れた人々がまったく興味を示さなかったことがある。彼女は大きなショックを受けた。それは期待とまったく裏腹であった。それに対して、人々が魅せられたのは和紙のアクセサリーであった。大きなビーズの作品などに、驚嘆と感動の声が集まっていた。展示会に自ら足を運ばないと、顧客の反応が作り手に伝わりにくいと感じたという。

そのジャパンハウスには、地下、一階、二階があり、地下が展示場になっている。彼女は、さらに地下の展示会場に足を運ぶ。そこで驚かされたのは、すべて和紙によって会場が埋め尽くされていた点であった。来場者が興味深く作品を観ていたのはいうまでもない。

増田頼保

イギリス展示会で好評だったアクセリリー作品

デザイナー 越智《おち》和子《かずこ》

越智和子さんは、大阪市内でデザイン事務所を主宰するデザイナーである。彼女は大量生産向けのテキスタイルデザインを長年手がけてきたが、現在では仕事の重心を女性の視点を活かした手仕事の工芸デザインに移している。そのきっかけは、滋賀県湖東地域で生産されている麻織物との出会いである。その麻織物は室町時代から続く伝統産業であるにもかかわらず、社会的にあまり知られていない。そのことにたいへん驚いたと彼女はいう。美しい麻の製品を世に伝える役目を自ら担えないか、そうした自問が彼女の関心を工芸デザインに向かわせた。

越智さんが麻織物に関わりを持った当時、問屋の力が強く、そのため生産者は自ら製品を発表する場を持つことが稀であった。1994年に彼女は楽居布（らいふ）というブランドを立ち上げる。楽居布が生産者自ら発表する場を意味し、狙いは生産者らが一堂に交流できる場にあった。何よりも彼女を突き動かしたのは織物の美しさを伝える人になりたいという信念であった。

楽居布の立ち上げ後、彼女は徳島の藍、丹後ちりめんや沖縄の手織りに出会う。やがて20数社の作家と会社が彼女の周辺に集ったが、そこで集められた作品は「越智和子の布仕事」という展覧会で披露されることになる。大阪の百貨店を会場に開催されたこの展示会は全国から約6000人もの来場者を数えた。そこでは個々の作家の人たちの間に交流が生まれ、互いの技術やノウハウを刺激し合いつつ高め合う機会が持たれた。こうした活動が後に大きな成果を生むことになる。

胡桃·山葡萄の木から手仕事で作られた
遠野の工芸品と越智和子さん

越智さんの夢

越智さんの夢は海外にも及ぶ。丹後ちりめんを越智さんたちは、〈丹後シルク〉と呼んでいる。それは、越智さんたちが既成の使われ方のカテゴリーを逸脱し、素材をテーブルコーディネートとして商品化の提案を試みた途端、海外の反響が大きいことを彼女ら自身悟ったからである。また、和食というコンセプトが日本の工芸と海外とを繋ぎとめるには大きなメッセージを与えるのではないかと彼女は語る。和紙にせよ、その意義は変わらない。一例として、輪島や福井の漆から作られた盃を考えてみればわかりやすい。漆の盃を日本酒や和食と関連づけて広く漆の魅力を世界に知らしめる。このことこそ、国境を超えてコミュニケーションを図りうる第一歩だと越智さんは断言する。とくに力説されるのが女性の視点と力量である。男性の構想する長期的で大きなプランと女性が持つ毎日のクリエイションする力量とを相互に噛み合わせることが大事で、そのことは環境づくり、ものづくりに大きな成果を生む。

海外市場を視野に入れた場合、越智さんは高付加価値のジャパンプレミアムインテリア市場を見据えるべきだと主張する。とりわけ世界のハイエンドのインテリア市場は大きな成長性を持つ。たとえば、丹後の織物でいうと、織物全体がジャパンブランドから始まって12年間近くヨーロッパに出展され、オートクチュール中心に2013年ごろからその成果は明確に示されているという。

こうしてみると、伝統産業には大きな未来があるといわなければならない。なぜなら、彼女の言葉を借りれば、美しいということ、それは各々の言語の壁を超えた世界の共通言語に他ならないからである。

山崎茂雄

石川満夫さんの時代には、まだこうした世界の目は、地域に届くものにはなっていなかったが、こうした世界の中での和紙の文化の位置について誰よりも先に関心を持ち、そういう世界性の意味を考えてきた人だった。

しかし石川さんの工芸の里構想の中で、何よりも今日の視点から再評価すべきことは、「手仕事の世界の現代化」を当時から広がり始めていた情報社会化との関連で主題化しようとしていた点にあろう。ただ石川満夫さんの時代の情報社会の状況と現代では、大きく異なってきている側面もある。石川さんの時代には越前和紙の里の一般的な職人の家族の中でパソコンが二、三台あり自由に扱えるという状況にはなかった。ましてや今日のスマートフォンなどの便宜的な状況は想定外である。

今日重要なことは、このような緩やかなコミュニケーションツールとの連関の中で、世界や他の地域社会との交流の質と量を拡大していくことであろう。そして、それは深い伝統を有するこの越前のものづくりの〈技術・情報〉を提供する世界のプラットフォームのようなものにしていくことであろう。同時に越前和紙の文化の伝統を次世代に継承していくための次世代づくりのための教育的な場を作り出していくことが重要である。

福井県立大学で講義する石川満夫さん

この領域で日本の研究をリードしてきた池上惇京都大学・福井県立大学名誉教授が次に問題提起されるように、手仕事の世界といっても、それはそのままにあるというのではなく、ＡＩやロボットなどと共存しながら新しいものづくりを進めていく必要がある。石川さんのインテリジェンス機能論は、こうしたものを真正面から見据えたもので、越前和紙の里の一つの地区としてこうした情報センターを置こうというものであった。それは、情報社会の最先端の世界と伝統世界が触れあい、ヨーロッパにもない小規模な手仕事の世界が現代化していくのである。

二〇一九年一月二十六日の「匠の里」研究会で、われわれは、以上のように四十年前の「匠の里」の構想に立ち返りながら「匠の里」の未来について考えた。

本章ではまず、その研究会に参加された池上名誉教授から「手仕事の世界の現代化、その未来とはどういうことか」という問題提起をしていただき、また地元からは、上述の石川満夫さんのご子息である石川浩・福井県和紙工業協同組合の理事長から越前和紙の里の未来の構想について話していただいた。そしてそれらの問題提起を受けて、参加者全員で、越前和紙の里の未来についてさまざまな視点から検討を加えた。

杉村和彦

「匠の里」研究会に参加された石川浩さん

〈第二節〉手仕事の現代化を問う

デザイン力量とデジタル化による多能職人の誕生

知恵の森の視界

この地の和紙生産における手仕事や、それによる職人の熟達・技巧・判断力・創造性などの「地域における蓄積」に注目しよう。これは、互いの職人技や文化から、学び合い育ちあう場をつくることを意味している。このように、職人が「知恵の森」を生み出し、地域社会には「ゆるやかにつながれた知の集積」が生まれる。先人からの知恵や技を継承しながら、横に職人がつながって学び合う。これは、互いの差異から学び合って地域の共通資産をつくる過程である。このことは、すでに、十八世紀の後半に、A.スミスによって発見されている。これは現代にも通じる大事な視点である。

さらに、現代では、職人仕事が集積した各地を結ぶ、情報ネットワークが発達し、地域間相互の交流と学びが全国規模、世界規模で可能になった。企業でも、オープン・イノベーションが進み、企業の枠を超えた個人の研究交流から創造的な成果が生まれている。日本の産地も、この傾向のなかにある。双方向性の開放の知が誕生しつつある。また、これは、和紙だけでなくて、日本の手仕事に共通しているが、多くは地元の自然からの採集可能な原材料の供給システムを基礎にして、加工による繊維や純化された金属材料などの取り出しが進む。手仕事には、分業の面と、それを総合化する面とがある。

これらの原材料を基礎として、生産工程における複数の種類の紙や糸や金属部品が用途に応じて生み出される。これは、分業によることが多い。

次に、職人は、消費者や顧客の感性や知識、要望を念頭において、最終製品の色や形、構造や機能を総合的に構想し、製品のデザインを行い、経験による熟練・技巧・判断力・創造性などの心身における蓄積を基礎に、機械などを用いて半製品を生み出し、最終工程を手仕事で仕上げる。

最終工程の手仕事が「風合い」とか、「手触り」、「微妙な差異」などを生み出し、職人の個性が製品に乗り移り、職人の分身のような「最終製品」が生まれる。現代の職人仕事は、手仕事と、機械仕事の分業であり、機械が情報技術によって、日進月歩するから、高性能で小型化する機械の進化に対して積極的に応答し、伝統の技や文化を踏まえて「伝統を今に生かす(いかす)術(すべ)」を開発せざるを得ない。どのような手仕事でも機械の学習と、手仕事の進化という両方ともに学習せざるを得ない。

ＡＩ、ロボットと共存する手仕事の世界

例えば、ＡＩとか、ロボットを学習・研究しつつ、ある意味で、共存しながらそれを上回るいいものを創造するという力量が必要になる。

このような力量は、苦役のような労働や仕事ではなく、創意工夫や他人の経験からの学びや、伝統の技や文化からの学びがあって、「歓びとしての労働・仕事」を実現してこそ達成できる。日本でも、欧米でも、この「歓び」としての手仕事こそ、勤勉さや怠惰からの脱却を生み出してきた。これは一種の人格的な向上をも意味する。

日本には、各地に「職人の道を拓く」という言葉があり、仕事の腕前と人格の高さが並行して進んでこそ、よいものができるという考え方がある。多くの日本の職場、農林工芸事業や町工場は、それを見事に実践している。

日本の工房では、経営者を親方と呼ぶことが多いが、親方には次世代への手仕事を伝える場では、「次世代の人生」を思いやる習慣があり、これが、次世代の自立や仕事のやりがいにつながることが多い。

池上惇　京都大学・福井県立大学名誉教授

知恵《ちえ》の森

イギリスの経済学者、アルフレッド・マーシャル（1842-1924）は、1890年９月の序文を持つ『経済学原理』のなかで、地域における小規模企業の形成過程を取り上げている。そこでは、「知識の根」という表現が用いられ、知識が知識社会に共通の財産となる状況が説明されている。彼によれば、こうした潜在的な力を持つ財産が資源や商業、政治の条件を満たしたとき、その潜在力を顕在化させることができるのだという。ひとまず立地が確定したならば、そこでは「知恵の森」が発展する新たな条件が生み出される。マーシャルは、それを「地域特化産業の利点」と呼んだ。

こうした知恵の森は、特化した技能に対する地方市場の形成を呼び起こす役割を果たし、優秀な労働力を集積させる可能性を持つ。というのは、使用者は必要とする特殊技能を持った労働者を自由に選択できるような場所を頼りにするであろうし、労働者もみずからの技能を必要とする使用者が多数おり、たぶんよい市場が見いだせると考えるからである。そして、知恵の森においては生産や流通に不可欠な知識の共有化がなされ、それぞれの業種にとってこれまで閉ざされた技や知識やノウハウが相互に活用され、互いに便宜を与え合う世界が生まれ、新たなアイディアを生み出す素地が作られるからである。同時に、産業の地域的集積における知恵の森の形成は、補助産業の発展にも貢献する。

こうした知恵の森の議論は、日本の地場産業の集積過程に重大な示唆を与えたが、現代のハイテク産業の集積においても重要な意義を持つとされる。

山崎茂雄

アルフレッド・マーシャル

日本の地域コミュニティにおける伝統文化の統合性

　これに対して欧米では、ややもするとエリートが機械を設計し、できるだけ自動化して機械を生産し、人間には、「だれでもやれる」仕事、不熟練で単純な仕事を割り振ることが多い。これでは、誰もが職人として発達できないため、エリートと労働者への分化が進みやすい。西欧では、富裕層と貧困層は住む場も、言語も違うことがある。

　日本は、断層が走り、津波が押し寄せ、あまりにも厳しい自然環境で、災害や地震が絶えない。戦争の惨禍も経験している。エリートなどといっていても、いつ没落するかわからない。したがって、富裕層と貧困者が互いに人として理解し合い、共に文化をつくり、地域の祭りや工芸生産などを行って、技や文化を共有する必要がある。エリートも絶えず現場に足を運んで職人の変化についていかないと研究活動すら焦点が定まらなくなる。その意味では、日本人は伝統的に職人能力を継承・創造する地域版を持っているといえる。このことは、それを活かせば、日本人が高い所得が得られる可能性のある国民であることを意味している。

職人事業を継承し創造的に発展させる場をつくる

　したがって、日本の職人は、時間当たり収入が都市の賃金率より低いから、後継ぎをやめさせて家族を都市に送り出すという傾向には疑問を感じている。都市は名目賃金が農村部より高いといわれるが、実体は、おそるべき「非正規雇用」の世界である。長時間労働や過労などが、非正規から正規へも広がってきていて、過労死自殺なども発生する。むしろ、都市では、情報技術が普及し、在宅勤務が可能になってきており、農村で農林工芸の仕事で、職人仕事を続けながら、同時に、都市の仕事を在宅ですることも可能である。現実に、一部の地域は、そのような形での定住を進める動きを生み出している。

新潟県燕市の玉川堂は、銅板を鎚で叩き起こして銅器を製作する鎚起銅器の伝統技術を職人から職人へ二百年にわたって継承

それゆえ、息子や娘に継がせるなどという昔の形だけではなくて、地域全体としての「地元志向」「地元での仕事の研究開発」「農林工芸型人生」を背景に、「職人事業継承・創造の場」づくりを考える必要がある。

現に、岩手県の遠野市では、「遠野早池峰ふるさと学校」を二〇〇〇年代に生み出して、廃校を活用しつつ、早池峰菜という伝統野菜を研究開発し、校庭の端に畑をつくり、地元の篤農家の職人技や文化を高校生が継承し創造する場を拓いた。

この学校では、そば打ちや藁仕事なども再生し、製品を、産直市場として、地元と都市からの農村留学生に「伝統を今に生かす農産物や工芸品」を販売している。これは、学校コミュニティともいえるものであろう。互いを思いやりつつ、事業を継承して、学び合い育ちあう。伝統の技と並んで、若い人から新たな技術や新たな品種を学ぶ。

遠野早池峰ふるさと学校にてワークショップ「遠野の春を感じる」

単に昔のような徒弟制度では、継承すら難しいであろう。お互いで次世代同士で議論する場も必要で、そして指導する人が指導する力を持つかどうかということについて、指導力を評価されるような仕組みも必要なのである。

いま、都市では、貴重な職人能力を持つ人々が、賃金が高いからという理由で、本来の職人仕事を指導する能力というものさえ評価されないで、熟練している人の事業や技を後継者に伝えたら素晴らしい成果ができるのに、その人を評価しないでリストラしてしまうケースさえある。

事業を継承しうる学校は、ふるさと創生大学ともいえるもので、岩手県住田町には、このような大学が昨年発足している。この大学は、震災復興のための研究開発や、農林工芸、観光などの職業人養成を世界の文化交流の中で、実現しようとしており、工芸の世界でも、アメリカ、イタリア、北欧などとのデザイン交流を目指している。こういう場へ都市からの若者や退職後のベテランが訪れ交流しつつ定住の道を拓くことが必要である。ここに、日本の希望がある。

池上　惇

遠野《とおの》ブランド

越智和子さんは生産者が自ら発表し、直接生産者と交流できる場を構想しようとした。その動機は、もうひとつ存在した。越智さんによると、それは池上惇教授が京都市や岩手県で開講する、〈文化政策・まちづくり大学（通称：市民大学院）〉に自ら通うことになったことにある。そこでは彼女は文化資本（身体化されたノウハウや知見、技能）を生かすことを学び、産業、環境、ひと、まち、そして自然から吸収して自ら仕事として手がけてきたことを見つめ直すことができたと振り返る。

その学びを実践しようとした越智さんは、岩手県の遠野市に赴くことになる。まず、彼女は遠野ブランドを担っていくべき人々と会い、そこでの暮らしぶりをつぶさに観察することから始めた。地元住民が築180年ほどの間借り屋を住みこなしていることに彼女は感動を覚え、現代ではもう忘れられたような手づくりの籠が今なおこの地で多く残されていることに驚きを隠せなかった。

こうして知己になった遠野の作家たちとともに、彼女は仙台での発表計画を立案することになる。そこでは、3年間に及ぶ遠野ハンドクラフト・プロジェクトが立ち上げられた。そのコンセプトとは、こうである。それは、継続して自らが手仕事を楽しみ、遠野の暮らしそのもの、また遠野の風景から創作したもの、すべてを洗い隠さず多くの人々に素朴に届けようというものであった。

そのプロジェクトでは、手始めに仙台のギャラリーの協力を得て、まず彼女たちは仙台の築80年の古民家を借り上げ、そこで工芸作家同士の交流の機会が持たれた。参加者たちは、柳田國男『遠野物語』の朗読も交えて、生活の歴史と文化を理解し合うことにも努めた。また、イギリス人のハーブ研究家、ベニシア・スタンリー・スミスさんの講演会や作品展が開催され、地元百貨店での展示会が催されたりした。

山崎茂雄

遠野ハンドクラフト・プロジェクトの様子

〈第三節〉石川浩さん（理事長）の新たな匠の里の構想

越前和紙の里は世界のプラットフォームを目指す

二〇一九年一月二十六日の「匠の里」研究会では、福井県和紙工業協同組合の理事長である石川浩さんからここ数年、青年部の人たちとともに暖めてきた越前和紙の里の未来に関する構想についての話を伺うことができた。

石川さんは、その説明の中で、和紙の文化の世界の中でのプラットフォームを構想し、その実現を考えようとしている。これまで越前和紙の里が有してきた、歴史文化の蓄積を前提とするならば、世界に冠たるそうした和紙の文化の情報の発信基地になっていくことは、あるべき一つの姿であろう。

まず石川さんの説明を聞いてみよう。

越前和紙の里としての新しい時代への対応

いろいろなお話を聞いているなかで、本当に参考になる話があった。越前和紙の産地振興計画を最近策定した。これは、二〇一八年度中小企業団体中央会からの助成金を受け、今後の産地振興計画をまとめた内容である。この策定の経緯は様々である。

二〇一八年、紙の神様をお祀りする当地の神社の千三百年の節目だったことも一つの契機である。それに合わせて非常にたくさんの方々がお越しいただいた。マスコミに取り上げられる機会も増えてきた。

そもそも、われわれの産地として、越前和紙の統一したブランドが存在しないことが気がかりである。越前和紙と一言でいうと何かと問われれば、この産地は何でも提供できるという応答しかできない。しかし、それでは十分とはいえない。やはり越前和紙の統一したブランドが必要である。

ちょうどその時期に、福井県立大学から越前和紙の文化に関する研究会を共同で開催したいという提案があった。和紙組合が取り組んできたのは、産地の中でブランドを作るということに関する問い直しである。県立大による研究会は産地外の視点からの客観的な意見であり非常に参考になる。今回の振興計画の中にも取り入れるべき点もある。

今日お話しのなかに現代生活にあるデザインと似合ったデザインだとかキーワードは非常にあったと思う。「今の生活の様式に合ったもの」。「今の生活に必要とされるもの」。そういったものと「古いものと融合させて新しいものを作っていく」。

当然、伝統を活かしながら新しい生

活様式に合う製品が提案されなければならない。

越前和紙のブランド化、産地のブランド化ということにも、そのことは言えるかもしれない。展示の方法もただ紙を並べたのでは全然伝わらない。いかなる意図があって、どのように作って、どのような技術があるのかを教えなければいけない。「ワークショップというものは非常に面白い」、「人、もの、技術、情報のプラットフォームが必要」という一連のキーワードに注目している。また「手仕事」「学校、後継者づくりの学校教育の分野」というキーワードも考えているところである。

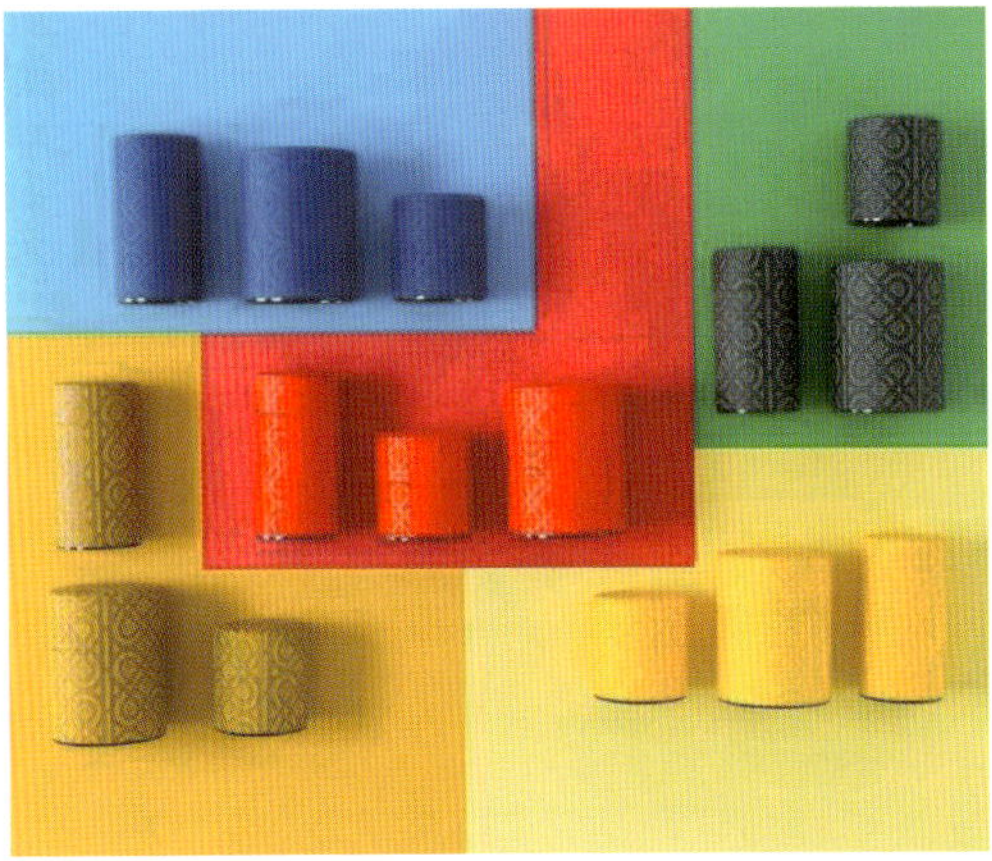

山次製紙所オリジナルプロダクト series（シリーズ）和紙箱・茶缶

ブランドを確立する

産地振興に向けた目標数値ということで、それを産地のビジョンにすると、「崇高な精神を伝承する越前和紙は、その優雅な美学の協調と、新たな用途の開発も含め、多彩な商品で消費者を魅了し続け、世界の遺産を継続させる」。こういうビジョンを設定させていただいた。

その中には、「特殊ニーズを総合的に捉える力を磨き、専門的な技術、生活様式の革新を目指す」「クリエイトな世代の育成を目指す」「ワールドクラスのオーディエンスを招き入れて、グローバルブランドになっていく」。こういう形の目標を今考えている。その他に越前を象徴するブランドの確立ということがある。

先に述べたようにブランドを明確に確立しておくことが必要で、これがなければ産地の方向性がこれからの若い世代に十分伝わっていかない。伝わるために自発的な情報発信、明確な定義が必要で、これは和紙作りの明確化とかブランド化に全部つながる。

情報発信は、世界の人々にいかに情報を伝えていくか、ブランドになっていくかというところもある。われわれは、産地の体験を提供するというワークショップや、総合力の定期的なプレゼンテーションを行なっていく。産地は今こうした新しいアクション観光を実践している。越前和紙を象徴するブランドとすると、職人や問屋、市場、緩やかなネットワーク、知恵の森という示唆もあったが、そういったものをやはり構築していかなければならないと考えている。

これまで越前和紙に関する課題は、産地内だけで解決をしてきたので、外部の団体、紙を利用する団体との交流が少なかった。しかし、ここ数年少しずつ関係が出てきた。これまでに、紙の使い手との接点がなくどちらかというと、問屋を通して流通との中で情報交流をしてきた。

市場で自分が漉いた紙が何に使われているかという情報が産地にはわからない。そうではなくて、やはり使う方たちと交流を重ねていかなければならない。

先日、福井県の書道関係者と話す機会があり、越前和紙で書道の紙がないと批判を受けた。画仙紙という名称で書道に用いられると説いたが、十分に伝わらない。要するに越前和紙の情報は、この地場にいる福井にいる書道の使い手にも伝わっていない。このような点を改善するには、和紙の使い手のネットワークを今後は構築していく必要がある。

こういったブランドストリームで、ロゴも作りたい。今までロゴは「越前和紙」と漢字で書いてあるのは日本では自然とイメージが湧く。しかし、海外のユーザーは日本語の意味を解しがたい。そういったところも見直さなければと思う。

福井県和紙工業協同組合が取り組んでいる越前和紙ブランディングの会議

世界との対話

世界に向けた自発的な情報発信としては、ウェブサイトの再構築、産地の情報の発信や、透明性も求められてくる。

明確な定義を定める必要がある。一般の方は越前和紙といってもそのなかでどのような紙が販売され、求めることができるのかがわからないと思う。例えば、日本画の紙ならば紙の性質、機能、サイズなどが消費者向けに明示されていればより分かりやすい。和紙組合は今その計画を進めている。総合力のある定期的なプレゼンテーション、越前和紙の技術の集大成を、展示会などでしっかり見せる。これらを続けていけば、おのずと越前和紙のブランド力は向上すると考えている。

プラットフォームの構築は、世界の人々が越前和紙のワークショップ体験を通じて、越前和紙の魅力を感じていただければと思う。アーティスト・イン・レジデンスも将来的に展開し、世界の紙に関する方がここに集う、そしてここからまた去っていって、そうした人からさらに広めていただけるとよい。

次の世代の育成に向けて

最後に、次世代の若い世代の育成がある。今の青年部の若手は新しい商品の開発に努めている。今の世代に続く次の世代も非常に大切である。今回杉村さんからも、地域内にシンクタンクのようなものができないかという提案を受けている。シンクタンク的なプロデュースできる人材がこの産地にいて、越前和紙ブランドに共感していただく形をつないでいく。そういう人材育成をする必要性を感じていて、クリエイト世代の育成をわれわれも目標に掲げている。

次世代の若き紙漉き職人

この目標達成は、これから数年が正念場と思っている。これにより、産地内の活性化が生まれればよいと思う。

海外に向けても、二〇一九年ポーランドの展示会があり、二〇二〇年にも同じくポーランドで大掛かりな展示会が予定されている。また日本では、国際北陸工芸サミットがサンドーム福井で二〇一九年九月二十一日から一ヶ月間開かれ、オランダの作家テオ・ヤンセンと越前和紙のコラボレーション作品も展示される見込みである。

このような機会に、産地が世界に発信できるものが非常にたくさんあると思う。そういったものをいかに見せて、知らしめて、広げて、人を呼んで、共感を生むか。さまざまな作業がこれから必要だと思う。その他、今の生活に合った商品開発が大切だと思う。

そういう意味でコンセプトや方向性が非常に変わってきた。今の様式に合った商品開発が非常に重要だと思うが、一方で古いものを壊すことにはならない。平安時代に作られていた羅紋紙という紙の復元もいま行なっている。「羅紗の羅に紋」と書くが、実は平安時代の物しか現物はない。鎌倉以降、羅紋紙は全く存在しておらず、いかに漉いたかもわからない失われた技術であるが、和紙職人柳瀬さんたちのおかげで復活できた。そういう古いものも作りながら、新しい様式のものも作っていかなければならない。

こうして課題は山積している。観光も当地の神社だけで、年間トータルで三万人ぐらいの方がお見えになっていると思う。観光客は産地に立ち寄らず、神社しか来ないという傾向もあるがこれもこれからの課題である。

最終的には産地の和紙が市場に受容されて、産地としてやはり越前和紙の使い手が増えていくのが最も望ましい。あと祝祭についても千三百年の祭りがあるので、それも千三百年後残していかなければいけない。祝祭は、二千六百年残していくべきであると思う。課題は山積しており、ご協力、ご指導いただければと思う。

この石川さんの発言の後で、ここ数年この構想をともに考えてきた青年部の一人である三田村哲郎さんからの発言も得た。

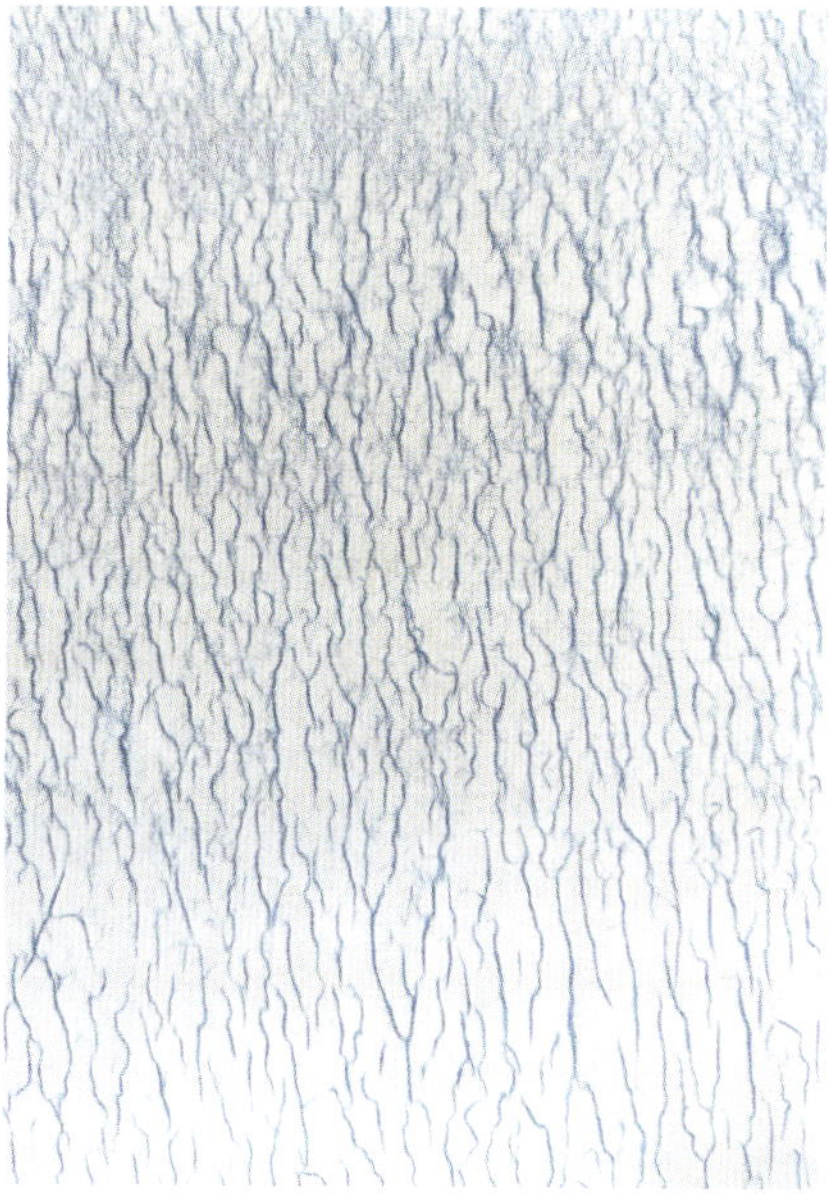

平安時代以来、復元された「羅紋紙」（二〇一八）

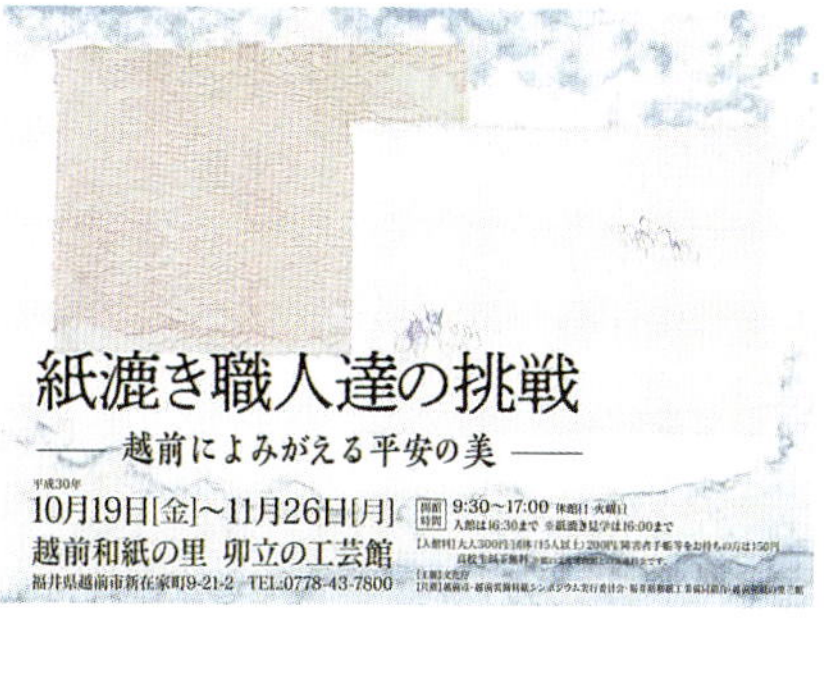

卯立の工芸館での展覧会のチラシ

【三】

商品の明確な定義・カテゴライズ

「何でも作れる」は、例えば何が作れるか豊富なオプションを示し
選択肢を提供することによって、顧客にその価値を伝えることができます。
私たちの技、特性を分かりやすく分類しマーケットに届けます。

手漉きか、機械漉きかは作り手視点。
使い手視点で必要な情報を把握する必要性。

用途・機能・表情・素材・サイズのカテゴライズ

視覚的に伝えるアイコンの作成

【四】

総合力の定期的なプレゼンテーション

私たちが持つ巧みな技術によって作られた上質な商品と定期的に開発される
特殊な商品を集約し、その多彩な総合力をプレゼンテーションします。

ECHIZENブランド全体で統一の作品集を作成

産地で共通のカテゴライズ

産地全体の総合力を発信

物販への応用

【五】

産地の体験を提供するプラットフォームの構築

私たちの誇りである越前和紙の産地へ世界中から積極的なアーティスト誘致を行います。
アーティストの制作、生活拠点、さらには作品発表の場を提供します。

産地体験を世界と共有する

アーティスト・イン・レジデンス制度の立ち上げ

次世代の若いクリエイティブ世代の育成

越前和紙産地振興計画
〜Bespoke Washi Echizenへの挑戦〜

越前和紙産地振興計画における5つのチャレンジ

【一】

越前を象徴するブランドを確立する

今後展開する新たな越前和紙のプレゼンテーションは、同じ言葉で語られ、
一貫性のあるビジュアルで徹底的に統一されることで、人々の印象に残り浸透していきます。
また、Bespoke Washiを謳う上で、プロデューサーの設置が有効的です。
プロデューサーは、従来の問屋から問屋/小売への卸ではなく、アーティスト、
クリエーターと共に、越前和紙を使用したプロジェクトを立ち上げる役割を担います。

- 職人、問屋、市場の新たなネットワークの構築
- 明確なブランドストーリーの設定
- グローバルに認知されるネーミング
- ビジュアルの統一。ブランドロゴの作成。

【二】

世界に向けた自発的な情報発信

ECHIZENという言葉が、常に同じイメージへ辿り着くように、自発的な情報発信が必須です。

今後、世界中のファンが越前和紙にアクセスできる窓口を設けます。

- 越前和紙とは何かを明確にWebサイトの開設
- 透明性の高い物作りを見せる
- 魅力的な崇高な産地を伝える
- 作品アーカイブの構築

福井県和紙工業協同組合 青年部の三田村哲郎さん

青年部は多様で新しい活動にチャレンジしていきたいと思って活動を続けている。具体的に青年部は毎年一回、×(掛ける)越前和紙という展示を行っている。掛けるというのは算数の掛け算のかけであるが、「何々×越前和紙」というテーマを毎年決め、このような形の和紙を作れるという技術を展示し、こんな使い方もできるという提案も図っている。

私個人として思っていることであるが、生活様式にこういう形で紙を取り入れて欲しいというライフスタイルの提案ができればと思っている。そこまでいいアイデアが浮かばないときは、新しいライフスタイルに入り込めるものを製作したいと思って活動を続けている。

後は青年部は今後三四五計画を二〇二三年末までに策定していきたい。

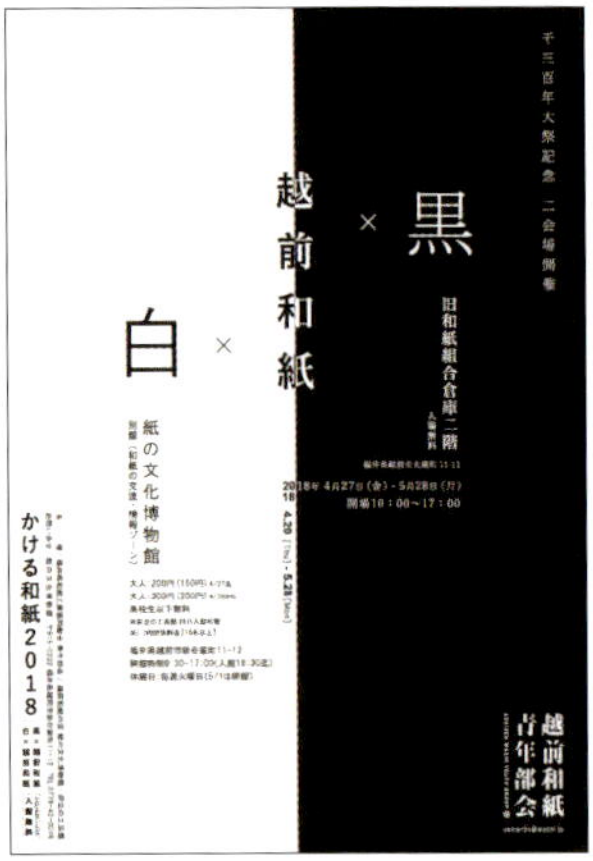

白×越前和紙 黒×越前和紙展チラシ

白×越前和紙 黒×越前和紙展

ちょうど二〇一九年から二十三年まで、産地振興計画があるのはよい機会だと思う。そして産地が、より開かれていかなければならないと強く認識している。もっとも全国各地を訪ね、仕事の話をしてまず話題に上がるのは、「世界遺産」に選ばれていないということがある。「越前生漉鳥の子紙保存会」はもちろん、先輩の皆さんが尽力されているので、いずれ追加登録されると思う。研究会の資料では、「双方向性の知」と記されている。受信していただくような情報をわれわれが発信していかないといけない。青年部はいろいろな活動を通してそういう情報を発信していきたいと思っている。

ロサンゼルスでの展示もさまざまな技術展示という形で行い、先輩方の会社でも展示していただいた。今回青年部がロザンゼルスでの展示会で一番に実践したのがワークショップである。実際に触って使ってもらわないとよさは分からない、伝わりにくいと

アメリカ・ロサンゼルス
神と紙 KAMI TO KAMI 福井・越前和紙展
青年部のワークショップの様子

和紙紹介の展示

思っていた。掛け軸に名前を習字で書いて持って帰ってもらうワークショップを行い、三十本ほど用意した掛け軸が一時間足らずでなくなるほど、行列が途絶えず、多くの人々に作っていただけた。実際に手に取ってもらうまでハードルが高いのは若干感じた。しかし、ワークショップで手に触れていただく機会をより多く作った方がよいとロサンゼルスでの経験から感じたものである。

「匠の里」研究会は、この提案を受けて、それらを実現していくための論点を様々な視点から検討した。そこでの議論とこれまで地域の人たちとの間で積み重ねてきた議論を踏まえて、越前和紙の里の未来学の構想のためのいくつかの論点を以下に取り出しておこう。一つは緩やかなネットワーク、一つは越前和紙の地域の卓越性、最後に地域社会の未来への永続性に関する論点である。

杉村和彦

神と紙のまつり 和紙販売ブース

青年部メンバー

〈第四節〉緩やかなつながりとネットワーク

伝統工芸とエンドユーザーのつながり

今までは、作り手は紙問屋に大きく依存していたことでエンドユーザーに関する内容がわからなかった。高度経済成長期やバブル時代には、紙問屋任せでそれでも産地は存立し続けてきた。しかし、生活するための建築様式が変化し和室そのものがない住宅が主流を占め、次第に需要が落ち込んできた。

旧来の商慣行では、エンドユーザーが何を求めどのような需要が動いているのかわからなかった。それに、次第に観光の質が変化してきた。世界的な一種の日本好みというべきか、ヘルシーメニューとしての和食文化が世界に紹介され、和食にまつわる食卓文化、食器や箸やステーショナリーなど日本独自に育てられてきたテイストというべきか、細かいところへの配慮などが人々の心に一つの衝撃を与えた。

さらに、日本刀に代表される火造り鍛造の技が世界一流のシェフやパティシエたちに意識化されると、たちまち世界を駆け巡る。そのような日本のものづくりの現場を訪ねてみたいという一つの好奇心を刺激して、海外から次第に観光客が増えてきた。この越前和紙の里にもその余波は訪れ、アジアやヨーロッパやアメリカなどから団体客もくるが、単独でガイドブックなどを片手にいきなり人間国宝の工房を訪れるディープな思考を満足させる観光客も増えてきた。

これらのことを見てくると、観光にも一つの教育の機能が必要であるし、世界性の事例でも出向く教育よりも、むしろきていただく教育を指向した方が観光的な意味からも求められることになる。スザーンさんは「観光にとって大事なこととは、すなわち職人が仕事の手を止めて世界を歩き回って徒労に終わるより、興味を持っているファンを集めて着地型のディープな観光、日本に来てもらうことで、感じる、食する、体験するといった形で日本の最も奥深いものを魅せること」と述べ、ニコラスさんは「cross discipline 互いに教え合い学びあうことが一般的」と語り、吉兼教授は「島根石見銀山のアパレル会社の松場登美さんは、その土地の雰囲気を売る」という。

越前和紙を使った照明

越前和紙を取り入れたスターバックス 武生中央公園店

創造の場と教育

そして、池上教授は、こう示唆する。「すべての市民が自立していけるように、その先鞭として芸術家たちが永住し、その交流のなかで創造の場ができる。そして、ものを生み出すだけでなくマーケットができるようになる。創造の場にふさわしい学校ができる。その学校には、いわゆる産直ができあがり、その事業を継承させて世界に発信することができるようになる。

初めは、小規模の学校を作ってみるとよい。ハンドクラフトの職人学校が作られると、それが観光になり、これからの観光は着地型観光で、その着地のその中心には職人の学校があり、事業継承されていく結果、市場となってそこに訪れた人がリピーターとなって、さらに多くの人々を惹きつけてくれる」と。

つまり、情報を創り出す側の人間として出会いの場の形成とそこに職人である「匠」がいわば、教えの「師」となって学びあう場を作ることで、神話が生まれる。昔、岡本の村里に川上御前が現れ里人に教えた紙漉きも神話になり、岩野平三郎が横山大観に麻紙を提供したのも神話になるであろう。

「神と紙の郷」のその長いルーツを辿りながら未来を展望したとき、そこにも教え合い学び合うことで生まれてくる未来の神話が語りかけるであろう。

横山大観と岩野平三郎（岩野家提供）

以上のように、越前和紙の里では、地域全体が、取り組もうとしている計画のなかで、今日の新たな変革の契機を受け止め、多角的でこれまでにない斬新な未来を構想していることがうかがえる。そしてこれらの構想の達成に向けて、石川浩理事長は、ゆるやかなネットワークのなかで、「和紙文化のファンクラブ」というようなものに支えられながら構想を展開していくのが望ましいと考えている。

「学術研究者、産地以外の外部の者たちにも頼りながら、ネットワークを作ることができれば、いろいろな可能性も広がってくる。越前和紙をキーワードにその応援団を多く育てて、その人たちのプラットフォームに、ファンクラブの結成を促し、人のエネルギー、人の力によって、越前和紙愛好家たちによって支えられる越前和紙の産地にならないといけない。教育、情報発信、ここの産地の中身のことを伝えていかなければならない。アーティストを呼ぶことや、いろいろなことを計画する場合にも、生産者は専門性を高めなければいけない。

人に対するいろいろな技術にせよ、文化にせよ、歴史にせよ、やはり人に語れるように、われわれ自身が勉強をしないといけない。当然紙漉きのことも突き詰めていかなければいけない。商品開発をしていき、新しい製品も作らないといけない。こうしたこともそれぞれ実行しながら、同時にその中で、人と人とのコミュニケーションを図りつつ、この産地を残していくべきと考えている。こうすれば若い人たちが後継者として育っていくであろうと考えている」。

増田頼保・杉村和彦

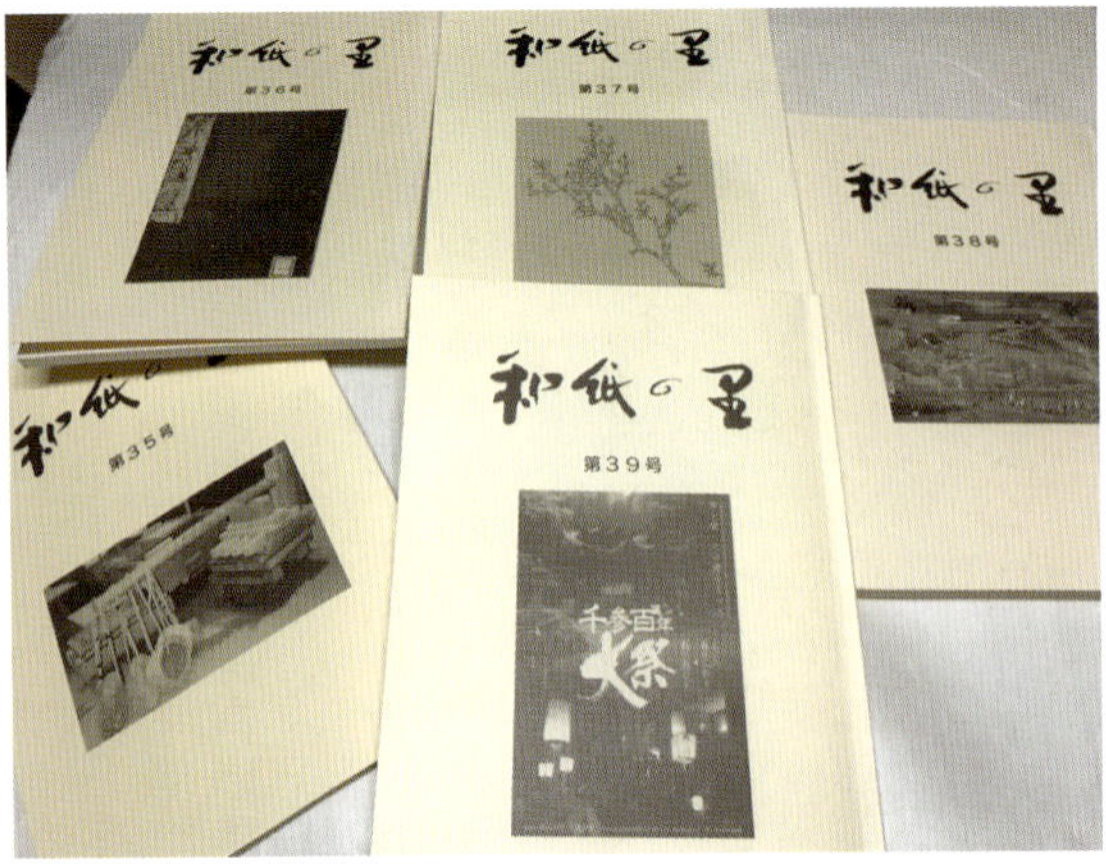

約四十年続く越前和紙を愛する会の機関誌「和紙の里」

〈第五節〉越前和紙の地域的卓越性とは何か

多様性を内に含む

今日、越前和紙に対する地域全体が受け止めている焦りのようなものがあるという。それは、全国のなかで、和紙の生産規模では、この産地が極めて高い生産額を誇りながら、世界遺産の登録から外されたということである。しかし世界遺産の登録から漏れるということは、極めて複雑な要素を含んでおり、この産地の持つ潜在力が評価されていないということにはならない。

ユネスコ世界遺産では、伝統技術の保存会のようなものがないと登録の要件が見合されるが、越前和紙の場合には、産地が保存される対象というより、現役の生産の方がまだ活発であり、そういうものへの配慮が遅れてきたことが大きい。しかし今では、「越前生漉鳥の子紙保存会」が組織され、保存会が国の重要無形文化財になっている。こうした背景を踏まえ、世界遺産の追加登録は何年か後には期待される形になるであろうといわれている。むしろ地域は、そうした事象よりも、他の地域と比較した際の、地域全体の和紙生産が有している様々なレベルでの卓越性を確認して記録していくことが重要であろう。

世界遺産で有名な古都奈良の佇まいは、吉兼教授が語る「図の観光地」であるが、ここ越前和紙の里に将来的に世界遺産の登録が行われても、「図」を見せるわけではない。それでは、吉兼教授が「図の観光」の対極に描く、「地の観光」だと位置づけるのがいいかどうか。少し固定的な印象の残る地域まるごと博物館というイメージと比較するとここにあるものは、より流動的で動態的な動く場であるようにも思われる。かつてこの地域で実験的に行われた「いまだて遊作塾」の活動を例に見ると、超一流の職人「匠」と若者たちの出会いの場であり、この土地や人ならではの建築、音楽、食べ物、地域文化を巡る出会いの場の創出であり、創造という側面を強く含むものであった。

越前生漉鳥の子紙保存会の研究会にて
雁皮の皮を剥ぐ様子

近年、若手工芸職人たちのRENEWという取り組みがあり、工芸産地の工房を巡ることを職人自身が仕掛けていく取り組みだが、これは「職人の観光」あるいは、「職人との出会い・触れ合い観光」ともいえる。また、越前市観光協会が仕掛けてきた「手仕事のまち歩き」もいわば、地域在住の職人たちの手仕事の現場を見て歩くものである。いずれも共通しているのはそこに「職人たち」がいて、訪問客を「おもてなし」する点にある。

世界遺産ともなれば、ある意味団体観光客が押し寄せることにもなり、落ち着いた職人のまち歩きができなくなりそうである。スザーン・ロスさんも同様の報告をしているが、この越前和紙の里を訪れる人々は、物見遊山で通りすがりに立ち寄るのではない。むしろ、自らは、この土地の職人たちの真の愛好者・支援者になって、共に喜び、共に支え合い、共に知識を学び合い、新しい和紙の文化を共同で未来に向けて創造するようなディープな訪問客となることが必要である。そうした層を軸に受け入れることで、この産地の落ち着きが保てるのではないだろうか。それが本当の意味で求められるエンドユーザーと地域社会の関係のあるべき姿ではないかと思うのである。

ここには、ある意味で柳宗悦のいうような名もない職人の技が、作品の後ろに隠れているかもしれないが、同時に頑なに作り続ける手仕事の感覚は開かれたものであり、エンドユーザーの要望に応え作り上げて来た伝統が今尚息づいている(これを越前和紙産地振興計画の中ではBespoke＝オーダーメードと謳っている)。

RENEW 漆展示の様子（河和田地区）

RENEW 食のブース（河和田地区）

二〇一九年漉き初め式の神事を行う神主や職人たち

また(株)杉原商店 和紙ソムリエの杉原さんは、越前和紙の多様性とそれぞれの品質の高さの背景にある精神世界について次のように述懐している。

「越前和紙は産地としての気質として、何よりも「川上御前」という存在が大きい。いわば紙漉きの神がこの地に宿り、「川上御前」に恥ずかしくない振る舞いが住民の行動規範として確立している。そして、「重要無形文化財(工芸技術)」が存在し、住民から敬愛されるとともに、問屋が息づき、断裁の職人がこの里で暮らす。こうした環境は全体としてまとまりが取れている。

他の地域との差異は何かと問われれば、それは多様性があるからということに尽きるのではないか。それが産地として成り立っているバックボーンではないか。言い換えれば、昔のものを頑なに守ろうとする人もいれば、一方で新しいことにチャレンジする人もいる。こうした多様性のうえに越前和紙の産地が成り立っているように思えてならない」。

そして、何よりも内外から飛び込んでくる商品のオーダーに対して、この土地は創意工夫して柔軟で機動的に応えてきた。こうした多様性と柔軟性こそが越前和紙の里の真骨頂であるといえるのかもしれない。

増田頼保

学者が発掘現場から土器を掘り出し、そのかけらをつなぎ合わせて甕を再現するが、その時いくつかのかけらが見つからず空洞になっていることがある。工芸産地においても地域の記憶の井戸を掘って記憶をつなぎ合わせてみると、いくつか欠損している(なくなっている、忘れている)ことがあるかもしれない。産地の元気がなくなるのはそのせいであろう。

今産地で始めるべきことは地域の記憶のかけら(地域に蓄積された当たり前の事柄)を丹念に掘り起こし、再確認(自分化)し、欠けたかけらをどのように修復するかを多様な視点から光を当てながら議論し、再現を試みることではないだろうか。産地の再活性化に工芸観光の視点を入れるということは、その記憶の発掘活動も含めて地域の見える化を図り、来訪者と一緒に楽しみながら、新たな工芸の里づくりの意欲と方向を生み出すことである。

エコミュージアムは「時間と空間」の博物館である。地域の諸要素をジグソーパズルのように並べ替えて考古学者の甕の復元のように地域を見える化し、伝言ゲームのように語り継ぐ仕組みを再確認し、記憶の流れの枯渇(上流)と滞留(下流)に意識を及ぼす活動を行なって欲しい。その中で効果のあるのが、子供世代、新住民などへの語り継ぎであり、来訪者(観光客)への語りである。語ることによって情報伝達できるとともに語る側の記憶の整理と確認に好適である。本来の住民、職人間の伝承は、忙しい日常業務の中では優先順位がともすれば遅くなり、「技術は盗め」「門外不出」のような伝達文化がある場合は伝承が出来ないこともある。観光客へのガイドトークを通して本人の自分化作用とともに、それを何げなく聞いている周辺関係者への伝達効果は小さくない。初心者へのガイドトークはより噛み砕いて分かりやすくする必要があり、そのための作業は伝承のための素晴らしい資料を作成する。また全く部外者からの質問や彼らの反応は新たな光をもたらすことも少なくない。身内だけの議論とは違うアイデアや、別世界の技術の活用などが大きなイノベーションに繋がることもあろう。彼らは風の人である。地元民(土の人)がそれらの土着化させることでそこには新たな風土が生まれるのであろう。それは最大の観光資源である。

最後に観光における「図と地」論から改めてその特徴を述べたい。「図」の観光とは客席に座って素晴らしいお芝居を見るようなものである。そこで用意するものは絶品である。磨き上げられた逸品である。産地にはそれがある。博物館のような記憶の収蔵庫を作るのもよい。ただし、倉は開けてくれないと見ることができない。一方、「地」の観光は地域全体を素晴らしい舞台と見立てて観光客本人が役者を気取るような観光である。他の役者(地域住民等)とせりふを交わし演技を行う予想できない多様な関係を生まれることが最大の楽しみである。インタープリターが舞台装置について解説し、演技上の決まりごと(地域の掟:掟破りの入域は拒否も検討)を指導し、演技者は舞台の装置や黒子として働くスタッフの手を借りながら異日常劇を演じる。終わった時のスタッフとの感激の共有が何よりの思い出となり、リピートにつながる。大事なことは観光客の感激だけでなく、受け入れる住民も同じ大きさの感動を得る必要がある。筆者はこれを相互のserendipity(幸運な発見)と呼ぶ。ここで用意するものは素晴らしい環境とワクワクする台本である。それは体験観光を含んでいたり、ガイド役の古老の問わず語りであったり、子供たちの誇りに満ちた自慢話が含まれるかもしれない。紙漉き体験を促し、来訪者の愛する人へのデザインや文面まで含めた感謝状づくりの台本は人気になるかもしれない。次は揃って再訪してくれるであろう。

工芸産地は「地」の世界そのものであるが、産地と呼ばれるのは「地」がブランド化していることを意味するものであり、「地」が「図」化していることでもある。観光では「図」が来訪の動機付けに有効に作用し、「地」が来訪の満足度の源泉となる。産地ブランドが来訪を呼び、産地の風土が満足を生み出す装置またはその可能性が今立の和紙の里にはある。越前地区に集積する他の多くの工芸産地間との連携によってさらに魅力的な手仕事の郷を形成してくれることを期待したい。

「地」の観光創造とエコミュージアム
工芸観光の基礎理論

吉兼秀夫

従来の観光は国宝や文化財、絶景など貴重なもの、いわゆる名所旧跡型資源及びその組み合わせを観光対象としてきた。その点は今も変わらないが、あわせてその背景にある生活文化や生活環境、人々の暮らし、路地裏の佇まいにも関心を深める観光動向が多く見られようになった。前者を「図」の観光と呼び、後者を「地」の観光と筆者は呼ぶ。地域全体を味わう観光が求められている。そこでは魅力的な「図」の演出と快適な「地」の保全と創造の両方の取組みが求められる。これまで後者の「地」の創造は観光の視点からは注目されてこなかった。その必要がいま注目される。「図」の背景でしかなかった脇役の「地」を風景として主役の座に座らせる演出の可能性を探りたい。

発地型観光（観光客のいるところを起点に各地に送客する観光）から着地型観光（地域が主体となり、観光魅力を発見形成し、観光客を集客する観光）への変化も現れている。それは地域を支える新たな産業として観光を意識した頃から注目されるようになった。発地型観光はマスツーリズムに大いに貢献してくれたが、観光対象の老朽化、不人気化が進むと別の観光対象を求めることで事態を解決する傾向にあり、観光客を受け入れる地域としては荒野だけが残り見放される事態になりかねなかった。そこで地域活性化を目的に観光を意識する場合、着地型観光の視点を取り入れる必要が出てきた。それは地域がルールを作りそのルールに則って観光活動を進め、地域の持続的発展を願う自律的観光を目指すものである。

さて着地型観光（自律型観光）を進めるときに注目すべきは「地」の観光である。「地」とは地域住民が暮らす地域そのものを意味する。この「地」を創造するための活動は「まちづくり」であり、観光を用いて快適な「地」を創造する活動は「観光まちづくり」である。この活動を推進するために大いに参考になる活動としてフランスで生まれたエコミュージアムがある。

エコミュージアムの目的は「自文化の自分化」であると筆者は考え、「地域の記憶の井戸を掘り、掘り出された記憶を現地で保存、展示、活用すること」をエコミュージアムの定義としている。エコミュージアムの生みの親G.H.リビエールは「エコミュージアムは地域を映す鏡を構成するものである」と述べる。わが町・わが村というのは日常世界そのものであり、住民にとっては当たり前の世界（それが自文化）である。当たり前すぎてその価値を意識することが少ない。グローバルな世界の中で文化や環境が知らぬ間に変化し、他文化や外来種に駆逐されてしまうことに備えるという意味でも、そして観光の視点からは「地」が観光客の期待する対象であることを意識し、地元の人が自分たちの生活環境や生活文化を再認識する意味でも地域を映す（理解する）鏡が必要である。その鏡を見ながら未来の目標と行動を考えるのである。

さて越前市（旧今立）の越前和紙の里地区の活性化策、多くの伝統工芸産地を抱える越前市の振興策、越前市の観光振興策が現在指向する方向は観光における「図と地」論と地域全体を博物館と捉えるエコミュージアムと親和性が高いと感じられる。

伝統工芸産地は産地としてあらゆる要素が揃い、それらが統合されて産地形成を確立している。原材料、それらを作品（製品）にする地域技術、担い手である職人、流通システムや関連事業があり、統合されている。筆者の考えるエコミュージアムの前提条件は「地域の中にあるすべての素材に価値があり、それらが一体となってはじめて地域は地域となる」である。人を含めた全てのものに価値はあるが、統合されていなければ用をなさない。工芸産地にはそれがある。あるからこそ産地なのである。考古

芸術性、デザイン性に圧倒的に富んだ活動

同時に越前和紙の世界が有している日本の他産地と比較した時の特色は、芸術性、デザイン性に圧倒的に富んだ活動がなされていることである。第一章で触れたように、そこには職人でありかつアーティスト（以下、職人アーティスト）が生まれている。第一章で登場した長田さん親子がその典型である。それはまさに、越前和紙の里での職人アーティストの誕生であった。

アーティストが伝統工芸の生産現場に移り住み、そこで作品を制作することはしばしば見られる。これは、アーティスト・イン・レジデンスと呼ばれる。それとは異なり、製紙業を現実に営む職人が、アーティスト的世界に踏み込んだ例が越前にあり、全国的にこのような事象はほとんど見られないといってよい。このことは地域社会との関係では極めて大きな意味を有する。なぜなら、職人アーティストも職人共同体の一員であることによって、職人共同体の内部から内発的に工芸の世界を芸術化していく可能性が秘められているからである。

第三十回記念 今立現代美術紙展一三〇〇展ギャラリートークのなかで、次世代の職人アーティストである瀧英晃さんはいう。「ここにいらっしゃる長田栄子さん、長田和也さん、他の紙漉き職人たちがアート寄りの紙を出していって、僕らがその背中を見て、自らも今、若手の間でそれを何か違う形で和紙の魅力を伝えられたらいいと思い、さまざまな活動をしている」と。

瀧さんがこう語るように、地域の若い人たちはこうした職人アーティストから学ぶ環境にいる。このような背景には、第二章でも触れたように、この地域で四十年に渡って続けられてきた今立現代美術紙展の有する影響は極

芸術の創作現場を体験する地域住民

めて大きいものがある。地域の人たちは通常の農村地域では遭遇することがない世界の人たちが交流する機会を得つつ、同時に芸術の創作現場を体験する。そうした世界に住民が参加する可能性が生まれてきたからである。

職人アーティスト第一号の長田さんもそういった形での参入であった。地域のなかの懐に深くある、「自由に作ってもいい」という伝統が、時に応じて型にはまった思考のなかにいる人たちのこころを解きほぐし、チャレンジを可能にする。

そして本書のなかで、増田が描き出したように、その背景には四十年前にこの越前市(旧今立町)の廃校になった分校に住みついて晩年を過ごし、市井の地域の人と「ものをつくり」、「表現し創造することの楽しさ、喜び」を生み出す一つの学校を作って、大きな影響を与えた河合勇という存在があった。そこに展開していたものは、世界から見れば小さなさざめきに過ぎないものであったが、伝統工芸に命を吹き込む一つのアーツ・アンド・クラフツ運動であった。

そのような芸術的ベクトルと伝統の和紙の世界は直ちに融合することなく、それぞれがそれぞれの道を行くという形で、展開してきたが、ここ数年、地域の若い人達の中でつながりができ始めている。

職人アーティスト瀧英晃さんの作品

神と紙の郷

越前和紙の産地としてのこの地域の特質は、「神と紙の郷」といわれるように、和紙の世界とその精神が、宗教的なところまで踏み込んで高められ、地域の人のアイデンティティを作り出していることであろう。地域の人口が減少する中でも都会に出て行った人がこの祭りを絶やしてはいけないとかけ参じてきた。

石川浩さんは、「神と紙の郷」について次のように話した。

「……この和紙の生産地域を未来に向けて残していかなければならない、その理由がもう一つある。産地に生きる者として、祝祭自体を続けていく意義がある。祭りの継続のためにはここに人が定住していなければならない。紙の祭りなのに紙の工場がなくなったというのでは意味を失う。そういう観点から、祭りと産業は一体であり、両輪の関係にある。紙の神様を祀る祝祭だけが残っても、かつてこの地に紙の工房が集積していたが今は存在しないというのは、やはり問題がある。千年・千三百年・千五百年にも続いた紙の産業、千三百年・千五百年続いてきた祭りも、残り千三百年・千五百年続けるには、いろいろなファクターを視野に入れなければならない。

従来どおりの事業を実践していたのでは十分でないと痛感している。より新しいことに挑戦していかなければならないし、新しい取り入れ方も考慮に入れる必要がある。その場合、人材も新たに受け入れて展開を図らなければならない。産地のなかの人たちだけではなく、世襲制でもなく新しい人を招き入れ、受け入れながら、和紙の産地を残していくことが重要である」。

石川さんが強調するのは、こうした伝統工芸と宗教性が結びつく世界であり、世界的にもきわめて希少な事柄といってよいかもしれない。

増田頼保・杉村和彦

「紙能舞」川上御前が岡太川の川上にお出ましになり紙漉きを伝授された所作を女性一人が演ずる無言舞

献饌の儀

大祭のクライマックスの渡り神輿の瞬間を待つ氏子たち

〈第六節〉越前和紙の里を未来につなぐ

大きな危機感を抱きながら

「未来像というのは非常に難しい。それゆえ、何らかの対応を考えなければならない。そう考え、地域の若い人たちを集めて、次の時代の構想を検討しようとした。産地の事業所数を数えてみても、平成になってすでに三十数社の漉き屋が廃業した。こうみると、一年に一軒ずつ事業所が消えている計算になる。かつては、九十事業所が営業していたのに、今日五十八事業所にまで縮小している。遡ると昭和の時代は、百四十軒、百二十軒の事業所が存在していた。それが急速に減ってきている。今後のトレンドを展望していくと、すでに後継を持たない事業所、経営者が高齢になっている事業所、機械漉き屋でも後継者が東京で就職している場合が多い。

そして調べていくと、あと十年経つと十五軒ほど消滅することが予想される。現在の五十八事業所数が三十台にとどまる。こうなると、和紙組合が自立的に運営されていくことすら困難となる。組合の構成員が減少していくと、組合の事務スタッフも減員を余儀なくされる。今までの体制においては産地振興、展示会などが実施できてきた。ところが組合に加入する事業所が三十にまで落ち込むと和紙組合の事業自体が困難となる」と理事長の石川さんは語った。

今回、福井県立大学の「匠の里」研究会で、越前和紙の里を訪ね、多くの職人の人たちと出会うなかで筆者が感じたことは、このような苦境にありながらも、同時にそのようななかで一つの展望を切り開こうとする地域の人たちのたくましさであった。彼らにとって、今重要なことは、さまざまな変容の契機や新しい情報があふれるように流入するなかで、それらを内部の世界と結合し、主体的に自らをプロデュースする核なる機能をいかにして作り出していくかということであろう。福井県和紙工業協同組合も、これまでのような単なる生産者の〈生産〉を支えるためだけの〈組合〉というのでは、限界があるところにきている。

和紙組合に加える形で地域の大きな潜在力をどのように現代的に生かしていくのかという、世界のエンドユーザーも見据えたプロデューサーとしての新しい機能と現代化が強く求められている。

二十一世紀の越前和紙の展望

越前和紙の里がこれからどうなるか。通常の地域経済学的視点から見ると先細りできわめて厳しい状況にあるといってよいであろう。本書は、そうした社会のなかでの一つの可能性に光を当てて、新しい時代との連関のなかで、この和紙の世界の中の未来の可能性を捉えようとしてきた。困難も大きいが、しかし手仕事の世界だからこそ希望もある。その可能性に焦点を当てれば、これまでにない事柄がさまざまな形で、あふれるように、次の扉を開いていく。

その可能性の一つは、すでに第二章で詳しく見てきたような世界とのつながりであろう。世界には、和紙の文化に大きな期待を寄せる人たちがいる。そして今日の情報環境の進んだ状況のなかでは、世界の人たちとの間でも生産者・消費者との双方向の関係が容易に生み出せるようになっている。その関係性はきわめてダイナミックな動きを地方の小さな社会のなかにも生み出していく。

また観光による訪問客との交流は、これまでの生産者には見えなかったエンドユーザーの志向やそのニーズも伝わる可能性が生まれてきている。第三章で見てきたような生産者としての志をそのままにして、和紙の世界を訪ねる人と渡り合うような時代が生まれている。これは問屋が生産者を管理支配していた時代とはまったく異なる状況が生み出されてきている。

石川理事長はいう。「今立の和紙の里は、それぞれの時代にそれぞれの時代を代表する和紙を生み出してきた」と。それはそれぞれの時代が要請する和紙があったということを意味する。そうしたなかで平成は、いろいろな和紙の生産の技術の向上はあったのかも知れないが、これが平成の和紙だというものを生み出すところには至らなかった。だからこそ、時代を代表するような現代の和紙がほしいという。

和紙に対する時代の要請も大きく変わり、生産者自身もその答えを引き出せないできた。

わしのくらふとシリーズ「わしのざうるす」

民藝《みんげい》と21世紀の アーツ・アンド・クラフツ運動

日本の伝統工芸は、神社仏閣の装飾などを中心に発達してきた。古い仏閣の屏風や襖絵には和紙が用いられ、神社のお神酒の器に漆が使われているのをみれば、それは容易に理解できるであろう。

一方、一般民衆が日常に使用する道具は、生産者、職人たちが地域の材料を用い、使い手にとって手にしやすく使いやすい形状になるように工夫して生み出されてきたものに他ならない。それらはまったくシンプルで質実なデザインのものも多い。そうしたシンプルで、長い時間をかけて使い込まれた道具は、茶の湯たちによって〈美しい〉と見立てられた。

周知のように、戦前に柳宗悦を中心として、日本のアーツ・アンド・クラフツ運動ともいえる民藝運動が起こった。

柳らは、名もなき職人たちによる健全で、風土や生活に根ざした美を各地の生活用具のなかから発見し、それらを民藝（民衆的工芸）と命名した。やがて民藝は新しい美の価値観を提示したものとして、多くの民衆に支持された。それは、障子や畳に合うように磨かれ、いわゆる〈用の美〉として今日まで愛されてきた。こうして、伝統工芸と民藝とは明確な境目が存在していたわけである。

しかし、重化学工業の進展のなかで安価で便利な化学製品が開発され、日常生活のなかにプラスチック製品が大量に入り込むようになる。やがて人々は、自然素材の経年変化を楽しむことを忘れ、ものを丁寧に扱い道具とともに自らの所作を育むことを忘れかけてきた。

最近になって民藝運動の精神を再び学び直し、自らのライフスタイルを見直す機運が高まっている。そこでは、21世紀の暮らしに合うように工芸は各地で再評価され始めた。歴史的な伝統工芸と日常使いの民藝に境界をなくしているのが21世紀の工芸の姿であり、各産地では生活のカジュアル化にふさわしい、デザインが開発されつつある。そうしてデザインされた作品を人々に知らせる手立てが必要となるが、現代では企業や団体として取り組むスタイル、1人の作家がギャラリーや個人的ネットワークのなかでつながりを持った発表スタイルなど、多彩な取組みがみられる。沖縄では、陶器職人が国内外から移住し、生活のカジュアル化に沿った作品を手がける。一方、遠野市では、地域の織物とバッグの作り手との協働で革新的な商品が次々に誕生している。着物の染色家が従来と異なる分野のアイテムを染めて、市場を開拓するケースもみられ興味深い。

山崎茂雄

沖縄県のやちむんと呼ばれる陶器から生まれたスピーカー
ニュージーランド人陶芸家、ポール・ロリマーさんの作品

そしてすでに見てきたように、世界とのつながりが地域の中で生産に関わる人にも大きな影響をもたらし始めた。世界との関わりは、文化の違いということにとどまらない。第二章で見たように世界全体が受け止める時代精神が和紙というものの意味をも新しく発見していく。手作りの和紙の生産のあり方に広がる新しい価値がマニュアル化された、過大な生産の中で発見され、環境の世紀を切り開くものとして一つの可能性を呼びかける。

そして重要なことはこうした新しい状況、人々との新しいつながりを和紙の文化を新しく再創造していくためにどのように作り出していくのかということに尽きる。池上教授や越智さんは遠野プロジェクトとの関係で、〈伝統工芸〉を世界のブランドとして多くの人に知ってもらう機会をつくり、そこによき仲間を作ろうとしている。こうした貢献もあって、越智さんや遠野での伝統工芸などに関する活性化の機会が増えている。

第三章でも触れたRENEWなどのイベントには、全国からもたくさんの人々が集まる。そういうなかで地域とエンドユーザーの直接の関係が得られるようになってきた。こうした中で観光現象で重要視されていることは、地域とのつながりの深いリピーターとしての人々が、和紙という一つの文化を支える仲間として生み出されていることであろう。

そしてそれに加えて池上教授などが強調されたことや伝統工芸という技能知を伝えていくための広い意味での〈教育の場〉を地域社会が作り出していくことを考えていくことが必要となる。技能知を創造的に受け渡していく作業は、それ自身が地域の再生の場として機能していかなければならないからである。

遊び心のある観光と教育と地域社会

第三章で取り上げた今立で行われた「今立 古民家・匠・ロングステイプロジェクト」のいまだて遊作塾は、こうしたことの一つの魁(さきがけ)であった。遊作塾の活動が目を向けたものが、紙漉きや囲炉裏、建具、古民家再生など、人が道具を使いながら作りだしていく手作りの現場世界である。

この時代の限界を押し広げる「教育の現場」がそこにある。この教育の現場をめぐって、まだ明確な形を持たない構想であったが、とても面白い広がりのある議論や活動が展開した。そこで発想されたものは、今立にふさわしい農村地域の主体性を取り戻す、地元学の発想「田舎学」である。

たとえば越前和紙学では、講師には人間国宝の九代岩野市兵衛さん、福井県無形文化財の故・三代岩野平三郎や、越前鳥の子（雁皮紙）が得意だった故・梅田太士がノミネートされて指導にあたり、それから、古民家学、食学、漆学、環境・自然エネルギー学など、通常の大学の中には入りにくい、生活の学の体系化と高度化が意図され「遊作」という概念を生み出していた。こうした地域社会が地域の知を一つひとつの教育の場として受け渡していくために、遊び心のある観光と教育と地域社会が共同・協働していくケースは、ヨーロッパなどでは盛んに見られる。

和本作りの講座で参加者に手取り教える故・梅田太士

スザーン・ロスが語る究極のリピーター

スザーンさんが考える究極のリピーター像は、こうである。まず海外からの旅行客には輪島に来てもらい、漆のワークショップで大変さを実感してもらう。当然1週間では漆塗はうまく出来ない。「私が29年間の歳月を漆塗に費やしてもうまく作れないのに、1週間や2週間で出来るわけがない。だから、旅行客には来年も来てもらい、再来年も来てもらう。要するに、彼らがリピーターになってもらう。そして、彼らが私のファンになってもらいたい。そのファンも自分の大切な友達も連れて来てもらえばよい」。ただし、スザーンさんの招待であることが、その条件である。

その理由は、スザーンさんが知っている、奥深い日本の職人気質や生活習慣、地域の文化を見せたいからである。しかも、特別な人にしか見せられない。それは、訪問客のあなたへの特別サービスで、この奥深い北陸文化を見せたいからである。ただし、団体客は遠慮したい。なぜなら、彼女のみるところ、日本に来て知りたいというモチベーションのない人が団体客に多く、そういう人が輪島に来ても楽しめないからである。漆芸家である彼女の想いは、本当に日本文化を知りたい人にだけ特別サービスを届けたいという点にありそうだ。

増田頼保

スザーンさんが開発した天使の羽根をした位牌

吉兼教授はいう。「このように、情報化社会が発達してきた現代における対応の仕方を『図の観光』に対して『地の観光』を唱えている。『図の観光』とは、エッフェル塔とかピラミッドなどを指すが、反対に『地の観光』とは、普段の何気ない地元の日常、いうなれば地元の人にとって当たり前の事象が、他のところから来る人にとって新鮮に映るものを意味する。しかし、それにも増して、よい意味での予想外の展開があることによって、それが強い印象になり、思い出話(語り部)になってくる」と。

異文化と多文化の交わりのなかで、観光公害、観光客のマナーの悪さが問題化してきた。これをどのように捉えるか。この点、吉兼教授は、「観光にはその対処に対して、一見さんお断りのように誰でも入れない敷居を高くすることや観光客を教育する・教えてあげる仕掛けが必要である」と説く。いわば、旅をする人たちに、ある意味で学びの世界へいざない、立ち振る舞いを含めた教育を施す仕掛けが必要ということになろう。

伝統工芸の里は、これまで観光に対してあまりにも無防備であったために、「着地型の観光」を志向する必要がある。越前和紙の里に限って言えば、観光を制御しつつプロデュースするという発想がこれまで乏しかった。そして、観光産業が地元に投げかけるインパクトに対して、あまりにも受け身で無防備であった。

その意味で、「着地型の観光」を指向する必要がある。そもそも「着地型の観光」とは、受け入れる側の主体性で決めることができる観光であり、これに対して「発地型の観光」とはこれまでのように、都市の○○会社企画のツアーなどなどを指す。

そして、「着地型の観光」には、よい意味での予期せぬ出来事が起こる。そのためには人と出会わなければいけない。予期せぬ情報が地域を動かし、地域名でブランド化していく。観光客は貴重な体験ができて、思い出になってくる。一方、「着地型の観光」の地元は、自分たちの文化を世に見える形に置き換える作業を営むことになる。

吉兼教授の言葉を借りれば、地域の記憶の井戸を掘ることによって文化の水脈に辿り着く。観光客には、その土地の人や文化に対して敬意を示すような仕組みを作らないと、興味は示すが敬意を示さなくなる。観光によって資源を観光化するには、素晴らしい環境と、楽しく遊べるような台本を用意しなければならない。

吉兼教授は「オタク観光の推奨をしている」と述べているが、とりわけ工芸観光などにおいては、観光に教育的機能が加わることで、たとえば和紙の共同体が地域の和紙文化を本当の意味で支え、創造的なものにしていくことができる。

そうしたゆるやかな和紙産地を支える共同体は、産地をめぐるプラットフォームの核となりそれを支え、世界からも多くの人に受け入れられ、世界の創造的な知の集積を可能にしていく。そこに世界に支えられ、誇りを持って生きる場が作られ、そうしたなかに次の世代が再生産されていく。和紙の世界の進化ということを前提とするならば、越前和紙の里の二十一世紀は、世界と対話し、情報を取り交わし、常に自らの価値を問い直していくような作業過程のなかに浮かび上がってくるのではないだろうか。

杉村和彦

パピルス館の和紙ショップ内の様子

バナナの和紙の御朱印帳

参考文献

E.F.シューマッハー［2011］『宴のあとの経済学』ちくま学芸文庫.
井上和博［1998］『日本を継ぐ異邦人』中央公論社.
貴田　庄［2005］『レンブラントと和紙』八坂書房.
網野善彦［2000］『日本の歴史00「日本」とは何か』講談社.
柳　宗悦［1985］『手仕事の日本』岩波文庫.

終章
神と紙の里の未来へ

杉村和彦

アメリカ・ロサンゼルスの二〇一八年の和紙の展示会は、日本の中でも越前和紙を前面に押し出して、その特質をアメリカの和紙の愛好者に伝えるものであった。興味深いのはそのテーマとして掲げられた、「神と紙」という言葉である。越前和紙の世界の中では、神は紙とつながり、地域の人たちの精神的な核を形成している。この精神文化も含めて、越前の和紙の文化がアメリカに届いたが、それに関しては、まだ理解の範囲をはるかに超えているといえるであろう。展示会のさまざまな場面の中で、和紙を愛するアメリカ人たちは、それをより正確に、深く理解しようとして、説明を求めようとした。

第二章で取り上げたように、その展示会には、アメリカの和紙の愛好者がたくさん来訪し、活況を呈した。アメリカという近代の世界を体現したような世界の中に和紙という自然の素材が深く受け止められ、マスプロダクションの世界の中で、手づくりの世界が人々に共感を持って共有されていく。ただ、この和紙を介した日本とアメリカの文化交流の中で、和紙作りの世界の根源にある「神と紙」の関係は、まだ議論の視界には入っていなかったようだ。

二〇一八年の紙祖神岡太神社・大瀧神社千三百年大祭、地域の人たちの心は一つになった。神輿を担ぐ人たちがいる。そこには地域を支え続けてきた長老たちの姿がある。しかし一方で、今新しい越前和紙の里を考え、模索する人たちもいる。そして、この越前和紙の里は面白いと外国から訪れた人の顔もある。そして都会からこの祭りのために帰省してきた人もいる。そういった人を包み込み、祭りの時間は過ぎていく。

名著『神と紙 その郷』の中の祭りの終りの記述には、その時の唄われる唄が次のように記されている。

松阪よりもナーアエ
いや　どこへ参ろ
いや国のお地蔵さん
とーえ
まーたーチョーコーと
神と別れりや悲してならぬ
秋のもみじでまた会いましょ
チョーコ、チョーコ、
またチョーコー
紙の神さま川上御前
今も栄える神の里

二〇一八年、開闢千三百年を祝う大祭でもこの唄は同じように唄われたのだろうか。

日本の和紙の文化が世界に発信されていくとしたら、こうした和紙の世界の背後にある地域の精神世界も世界の人々にその存在を語りかけていくことになるであろう。越前和紙の里が和紙の文化に関する世界のプラットフォームになるということは、こうした和紙に関わる総体としての歴史や文化の情報を発信するその中心として世界に貢献していくことでもある。

紙祖神 岡太神社・大瀧神社 千三百年大祭

人間国宝　岩野市兵衛さん

第二章で見たように、人間国宝の岩野市兵衛さんの紙についても、アメリカ人は大変な関心をもった。岩野さんは高齢になった今でも日々精進を続けている。和紙の技を徹底することによって開かれる、自然と一体となった世界は、日本語においても、なかなか言葉にならない。そこにある〈越前和紙の里〉を包むような精神文化としての「神と紙」のつながりを取り出そうとするならば、和紙の文化性は深まり、新しい彩りを添える。

本書は、「神と紙」の里の未来を、地域の方々と研究者が共同で考えようとする一つの出発点であった。和紙の世界の中にある美しいもの、それらを拾い集め、それらを耕し、次の時代を作り出していくことができるであろうか。和紙の文化を見つめ、それ自身の進化を考えようとするならば、そこにはこれまでにない、日本の未来のもう一つの世界が現れてくる。ロサンゼルスの展覧会の中の和紙をめぐる異文化との出会いは、環境の世紀の中での現代の新たなアーツ・アンド・クラフツ運動の可能性とその方向性のゆくえを語りかけてくるのである。

杉村和彦

アメリカ・ロサンゼルス ジャパンハウス

人間国宝 岩野市兵衛さんの所蔵している伊勢型紙

和紙組合青年部や越前市観光協会メンバーとの座談会

第三十回記念 今立現代美術紙展 一三〇〇展

『和紙と日本画展　岩野平三郎と近代日本画の巨匠たち』 福井県立美術館 ［1997］.
『和紙の真髄 越前奉書の世界　その一・古典編』 越前市産業環境部産業政策課 ［2017］.
『和紙の真髄 越前奉書の世界　その二・近代編』 越前市産業環境部産業政策課 ［2018］.
『和紙の文化史年表』 思文閣出版 ［1977］.
『和紙總鑑　日本の心二〇〇〇年紀』 2000年紀和紙委員会 ［2011］.

《雑誌》
『神々が見える神社100選』 芸術新潮編集部編　新潮社 ［2016］.
『季刊和紙』 全国手すき和紙連合会 ［1990〜］.
『芸術新潮8月号』 新潮社 ［2016］.
『百万塔』 紙の博物館 ［1955〜］.
『別冊太陽　横山大観』 平凡社 ［2006］.
『和紙研究』 和紙研究会 ［1939〜1987］.
『和紙談叢』 和紙研究会 ［1937］.
『和紙のある美しい暮らし』 成美堂出版 ［2008］.
『和紙の里』 越前和紙を愛する会 ［1972〜］.
『和紙の手帖2 （産地の状況・和紙の本質から用途まで）』 全国手すき和紙連合会 ［1996］.
『和紙の手帖：和紙の歴史・製法・用途・産地のすべて 改定版』 全国手すき和紙連合会 ［2014］.
『和紙の手帖：和紙の歴史・製法・用途・産地のすべて』 全国手すき和紙連合会 ［1998］.
『和紙文化研究』 和紙文化研究会 ［1993〜］.

宍倉佐敏［2006］『和紙の歴史　製法と原材料の変遷』印刷朝陽会.
寿岳文章［1986］『和紙の旅』芸艸堂.
寿岳文章・寿岳静子［1944］『紙漉村旅日記』明治書房.
高橋正隆［1976］『絵絹から画紙へ－岩野平三郎伝－』文華堂書店.
高橋正隆［2001］『史料繪絹から畫紙へ』岩野家所蔵書簡集刊行会.
高橋正隆［1995］『和紙の研究　続・藍の華』近代文芸社.
武安正行［1999］『越前和紙に生きる』(株)わがみ堂.
冨田惣七［1971］『紙市兵衛手漉きばなし』えちぜん豆本の会.
戸羽山瀚［1943］『高野二三伝』.
則武三雄［1973］『幻しの紙』北荘文庫.
竹内正人・竹内利江・山田浩之編［2018］『入門・観光学』ミネルヴァ書房.
前川新一［1998］『和紙文化史年表』思文閣出版.
町田誠之［1994］『和紙つれづれ草』平凡社.
町田誠之［2000］『和紙の道しるべ　その歴史と化学』淡交社.
町田誠之［1981］『和紙の風土』駸々堂出版.
柳橋　真［1981］『和紙　風土・歴史・技法』講談社.

《図録・資料》

『イノベーション 日本の軌跡14－岩野市兵衛 岩野平三郎 小川三夫』FMTアーカイブ 新経営研究会［2014］.
『今立町誌』今立町誌史編纂委員会［1981］.
『isamu KAWAI 河合勇展』図録　福井県立美術館発行［1996］.
『越前市史　資料編8　近代の越前和紙』越前市［2016］.
『越前和紙製作技術　心が写る職人の技』ふくい伝統文化活性化事業実行委員会［2011］.
『越前和紙の現在 / 紙・技展』紙匠27人の仕事　卯立の工芸館［1998］.
『岡本村史』岡本村史刊行会［1956］.
『紙漉平三郎手記』財団法人製紙博物館［1960］.
『「神と紙」その郷のお祭り　紙祖神岡太神社　大滝神社の例大祭』岡太講［1992］.
『神紙の里　高橋正行写真集』［2005］.
『神と紙の郷　千三百年の時空をつなぐ祭りの心』第三十九回式年大祭実行委員会［2009］.
『紙をすく、手のあとをたどる　越前和紙製作用具』越前市武生公会堂記念館［2014］.
『手漉和紙大鑑』毎日新聞社［1973］.
『日本の手わざ第1巻　越前和紙』源流社［2005］.
『福井県史』福井県.
『福井県和紙工業協同組合五十年史』福井県和紙工業協同組合［1982］.
『牧野信之助君伝並追悼録』牧野信之助君傳記編纂會［1942］.

渡植彦太郎［1987］『技術が労働をこわす－技能地の復権』.
パブロ・エルゲラ（アート＆ソサエティ研究センター訳）［2015］
『ソーシャリー・エンゲイジド・アート入門』フィルムアート社.
蛭川久康［2016］『ウィリアム・モリス』平凡社.
松岡正剛［2006］『日本という方法－おもかげ・うつろいの文化』NHKブックス.
松岡正剛［2010］エバレット・ブラウン共著『日本力』PARCO出版.
宮崎　猛編［1997］『グリーンツーリズムと日本の農村―環境保全による村づくり』農林統計協会.
持田紀治［1997］「グリーン・ツーリズムの課題と展望」『農林業問題研究』第128号（第33巻第3号）.
持田紀治［1997］「農村型リゾートによる都市農村の交流に関する考察」
『農村生活研究』第37巻第3号.
柳　宗悦［1985］『手仕事の日本』岩波文庫.
柳　宗悦［2006］『民藝とは何か』講談社文庫.
山下長俊［1975］『岩つぼ』北陸通信社.
吉田光邦［2013］『日本の職人』講談社文庫.
米田　晶［2015］「着地型観光研究の現状と課題」『経営戦略vol.9』.
吉本哲郎［2001］「風に聞け、土に聞け」『地域から変わる日本　地元学とは何か』
現代農業　2001年5月増刊号.
William Joseph Dard Hunter “Paper-Making in the Classroom” Oak Knoll Pr,［1931］.
William Joseph Dard Hunter “Papermaking：The History and Technique of an Ancient Craft”,
Dover Publications,［1943 ］.

越前和紙をさらに学ぶ人のために（第1章参考文献を含む）

［一般文献］

有岡利幸［2018］『和紙植物』法政大学出版局.
飯田栄助［1938］『越前産紙考』越前産紙卸商業組合.
池田　寿［2017］『紙の日本史　古典と絵巻物が伝える文化遺産』勉誠出版.
久米康生［2012］『和紙文化研究事典』法政大学出版局.
久米康生［2008］『和紙つくりの歴史と技法』岩田書院.
久米康生［2004］『和紙の源流』岩波書店.
久米康生［1981］『和紙の文化史』木耳社.
久米康生［1998］『和紙多彩な用と美』玉川大学出版部.
神門精一郎［1974］『書評越前和紙』北陸通信社.
小林忠蔵［1969］『越前和紙今昔絵図（和紙文庫；1号）』柳瀬商店内和紙クラブ.
斎藤岩雄［1973］『越前和紙のはなし』越前和紙を愛する今立の会.
寿岳文章［1987］『和紙風土記』筑摩書房.

参考図書・参考文献・資料

《本書との連関文献》

アダム・スミス(水田忠平訳)［2000］『国富論』岩波文庫.

アート＆ソサエティ研究センター編［2018］『ソーシャリー・エンゲイジド・アートの系譜・理論・実践』フィルムアート社.

網野善彦［2000］『日本の歴史00「日本」とは何か』講談社.

ウィリアム・モリス(中橋一夫訳)［1953］『民衆の芸術』岩波文庫.

池上甲一［1998］「第5章 地域の農林漁業を組み直す－グリーンツーリズムへの対応とその効果」21ふるさと京都塾編『人と地域をいかすグリーンツーリズム』学芸出版社.

池上 惇［1993］『生活の芸術化－ラスキン、モリスと現代』丸善.

池上 惇［1991］『文化経済学のすすめ』丸善.

池上 惇［1996］『情報社会の文化経済学』丸善.

池上 惇［2013］『文化と固有価値の経済学』岩波書店.

池上 惇［2017］『文化資本論入門』京都大学出版会.

石山 俊［2009］「第6章4節 都市－農村交流の形と「田舎学」－いまだて遊作塾と安心院グリーンツーリズム研究会の間」杉村和彦編『21世紀の田舎学－遊ぶことと作ること』世界思想社.

井上和博［1998］『日本を継ぐ異邦人』中央公論社.

川端康雄［2016］『ウィリアム・モリスの遺したもの』岩波書店.

小長谷一之/竹田義則［2011］「観光まち作りにおける新しい概念・観光要素/リーダーモデルについて」大阪観光大学観光学研究所年報『観光研究論集』第10号.

世界の名著52(五島茂責任編集)［1979］『ラスキン・モリス』中央公論社.

貴田 庄［2005］『レンブラントと和紙』八坂書房.

河野徳吉［2016］『奉書紙の判元・商人史－内田吉左衛門』紙の文化博物館.

塩野谷祐一［2012］『ロマン主義の経済思想』東京大学出版会.

ジリアン・ネイラー(川端康雄・菅靖子訳)［2013］『アーツ・アンド・クラフツ運動』みすず書房.

E.F.シューマッハー(伊藤拓一訳)［2011］『宴のあとの経済学』ちくま学芸文庫.

杉村和彦編［2009］『21世紀の田舎学－遊ぶことと作ること』世界思想社.

スミス・バレーン(L編三村浩史監訳)［1992］『観光・リゾート開発の人類学－ホスト＆ゲスト論で診る地域文化の対話』勁草書房.

Smith.M. “Issues in Cultural Tourism Studies” Routledge,［2016］.

高橋義夫［1992］『鄙風堂々(ひふうどうどう)－「地方」をおもしろく生きる』ダイヤモンド社.

『脱グローバリゼーション「手づくり自治」で地域再生』現代農業 2007年11月増刊号78号.

『地域から変わる日本 地元学とは何か』現代農業 2001年5月増刊号53号.

Timothy Barrett “Japanese Papermaking：Traditions, Tools, and Techniques” Floating World Edithions.［1983］.

『田園工芸 豊かな手仕事の創造』現代農業 1999年11月増刊号46号.

《協力者（団体を含む）》

福井県総務部広報課
越前市教育委員会文化課
越前市産業環境部産業政策課　工芸の里推進室
福井県和紙工業協同組合
福井県和紙工業協同組合　青年部
越前和紙の里三館　紙の文化博物館、パピルス館、卯立の工芸館
紙祖神　岡太神社・大瀧神社
越前市岡本公民館
越前市岡本地区自治振興会文化部　浪漫街道
越前和紙を愛する顧問　石川満夫
国指定重要無形文化財　九代　岩野市兵衛
国指定重要無形文化財　越前生漉鳥の子紙保存会　会長　柳瀬晴夫
越前和紙の里三館館長　川﨑　博
IMADATE ART FIELD（今立現代美術紙展実行委員会）
いまだて遊作塾
RENEW実行委員会
長岡亜生　福井県立大学学術教養センター教授
松井　健　東京大学　名誉教授
JACCC（日米文化会館）
HIROMI PAPER INC.　ヒロミ・ペーパー社
JAPAN HOUSE　LOS ANGELES.　ジャパン・ハウス・ロサンゼルス
ジョン・リー　サンアントニオ・トリニティー大学版画科　教授
Jon Lee, Professor of Printmaking, Trinity University, San Antonio, TX
ユンミ・ナム　カンザス大学版画科　教授
Yoonmi Nam, Professor of Printmaking, University of Kansas
レオ・リー　テキサス州サウスウエスト美術工芸学校　ブックアート＆製紙　講師
Léo Lee, Professor of Book Arts and Papermaking, Southwest School of Arts and Crafts, S.A., TX
ティモシー・バレット　アイオワ大学センター・フォー・ザ・ブック　講師
Timothy Barrett, Instructor at Center for the Book at the University of Iowa
アレクシス・ロチャス　サザンカリフォルニア建築大学　教授
Alexis Rochas, Professor at SCI-Arc (Southern California Institute of Architecture)
スザーン・ロス　輪島塗作家
越智和子　デザイナー
川崎和男　OUZAC DESGIN Formation代表
半澤友美　彫刻家
石川　浩　福井県和紙工業協同組合 理事長
村田菜穂　越前和紙の里 卯立の工芸館 伝統工芸士
山田房枝　越前和紙の里 卯立の工芸館
小形真希　一般社団法人越前市観光協会
石川満夫　石川製紙株式会社 代表取締役会長
石川　浩　石川製紙株式会社 代表取締役
清水一徳　清水紙工株式会社 代表取締役
山田晃裕　山田兄弟製紙株式会社 代表取締役
岩野麻貴子　株式会社岩野平三郎製紙所 代表取締役
五十嵐康三　株式会社五十嵐製紙所 代表取締役
長田和也　株式会社長田製紙所 代表取締役
長田　泉　株式会社長田製紙所
杉原吉直　株式会社杉原商店 代表取締役
瀧　英晃　株式会社滝製紙所 取締役
山路勝海　株式会社山路製紙所 代表取締役
石川靖代　有限会社紙和匠 代表取締役
小畑明弘　有限会社小畑製紙所 代表取締役
三田村士郎　有限会社越前製紙工場 代表取締役
三田村哲郎　有限会社越前製紙工場
柳瀬晴夫　有限会社やなせ和紙 代表取締役
柳瀬　翔　有限会社やなせ和紙
山口良喜　有限会社山喜製紙所 代表取締役
山口勝康　余製紙所
山下勝弘　山次製紙所　代表
山下寛也　山次製紙所
柳瀬徹二　柳瀬良三製紙所　代表
柳瀬靖博　柳瀬良三製紙所
柳瀬京子　柳瀬良三製紙所
山口荘八

（順不同）

《執筆者紹介》

■池上　惇（いけがみ じゅん）

京都大学名誉教授。福井県立大学客員名誉教授。

京都大学経済学部卒・京都大学博士（経済学）。

瑞宝中綬章受章。国際文化政策研究教育学会会長。

著　書：『財政学－現代財政システムの総合的解明』（岩波書店）

『文化経済学のすすめ』（丸善ライブラリー）『生活の芸術化』（丸善ライブラリー）

『財政思想史』（有斐閣）『文化と固有価値の経済学』（岩波書店）

『文化と固有価値のまちづくり―人間復興と地域再生のために』（水曜社）

『文化資本論入門』（京都大学術出版会）など。

■吉兼秀夫（よしかね ひでお）

京都外国語大学教授。阪南大学名誉教授。

明治学院大学大学院社会学研究科博士課程満期退学。

NPO観光力推進ネットワーク・関西理事。

共　著：『地域創造のための観光マネジメント講座』（学芸出版社）

『新しい観光と地域社会』（古今書院）『エコツーリズムを学ぶ人のために』（世界思想社）

『エコミュージアムの理念と活動』（牧野出版）

『国際観光学を学ぶ人のために』（世界思想社）など。

■Nicholas Cladis（ニコラス・クラディス）

福井商業高校ALT教員。トリニティ大学リベラルアーツ学部アート学科（BA）卒業。

ダラス大学 ブラニフ大学院 芸術学部版画学科（MFA）卒。

Shenzhen Foreign Languages School・深圳外國語學校・中国、Kojen English Language School・科見美語学校・台湾、福井商業高等学校 福井県庁・JET Program（ALT英語補助教員）、福井県立大学（非常勤講師）などの講師を歴任。

受　賞：Red Arrow Contemporary。Irving Arts Center。

「第30回今立現代美術紙展1300展」（河合勇賞受賞）など。

■中川智絵（なかがわ ともえ）

越前和紙の里 紙の文化博物館学芸員

京都外国語大学国際言語平和研究所、京都府立総合資料館を経て現職。

■南口梨花（みなみぐち りか）

福井県立大学経済学部経営学科卒。

2018年　2月伝統工芸職人塾（短期）にて越前和紙製造に関する技能研修を受講。

2018年　10月RENEWボランティアスタッフに従事。

■長田　泉（おさだ いずみ）

関西大学外国語学部卒。株式会社ユーラシア旅行社入社。同会社を退職し株式会社長田製紙所入社。福井県和紙工業協同組合青年部に参加し、一般社団法人越前市観光協会のボランティアガイドも始める。RENEW2018にて越前和紙エリアの副リーダーを担当する。

《編著者紹介》

■杉村和彦（すぎむら かずひこ）

福井県立大学学術教養センター長

京都大学大学院農学研究科博士課程単位取得。京都大学博士（農学）。

著　書：『アフリカ農民の経済―組織原理の地域比較』（世界思想社）

共　著：『文化の地平線』（世界思想社）『地球に生きる』（第4巻雄山閣）
『新書アフリカ史』（講談社）『持続的農業農村の展望』（大明堂）
『地球環境問題の人類学』（世界思想社）
『21世紀の田舎学―遊ぶことと作ること』（世界思想社）など。

■山崎茂雄（やまさき しげお）

福井県立大学経済学部教授。京都大学経済学部卒・同大学院修了。

著　書：『文化による都市再生学』（アスカ文化出版）

編　著：『町屋・古民家再生の経済学』（水曜社）
『知的財産とコンテンツ産業政策』（水曜社）
『LLCとは何か』（税務経理協会）
『映像コンテンツ産業の政策と経営』（中央経済社）など。

■増田頼保（ますだ よりやす）

画家・和紙造形作家・風車デザイナー。河合勇に師事。6年間スペイン留学。

彫刻家Ramón de Soto氏に師事。

1986年　バレンシア王立美術協会で外国人としては初めて展覧会を開き帰国。

1999年　スペイン、バレンシア州政府の企画招待で、個展『Yoriyasu Masuda』を
スペイン地方都市美術館3ヶ所巡回展。

受　賞：

2004年　「協同組合プロード」が、第3回産学官連携推進功労者『科学技術政策担当大臣賞』を受賞。

2010年　eco japan cup 2010 eco art部門で準グランプリ受賞。

IMADATE ART FIELD（今立現代美術紙展実行委員会）代表、いまだて遊作塾代表。

図説　神と紙の里の未来学
世界性・工芸観光・創造知の集積

2019年4月20日　初版第1版発行

＊定価はカバーに表示してあります

編著者の了解により検印省略

編著者　杉村和彦
山崎茂雄©
増田頼保
発行者　植田　実
印刷者　出口隆弘

発行所　株式会社　晃洋書房
〒615-0026　京都市右京区西院北矢掛町7番地
電話　075(312)0788番(代)
振替口座　01040-6-32280

印刷・製本　㈱エクシート
ISBN978-4-7710-3221-7